做自己的
建築師

屋頂記
Roof Architecture
重拾綠建築遺忘的立面
- - - - - - - - - - - - - - - - - -

Yen Kien Hang 甄健恆◎著

屋頂建築，終於降落

　　曾經住在很靠近屋頂的地方。那是一棟在上海的7層公寓，不算太老，但是卻沒有電梯。每天都要像漫畫《NANA》中的主人翁那樣，得爬樓梯才能到家。其實換個角度看，那住宅還有幾分像是閣樓的模式。雖然不及那些數十層樓高的全景式視野，可是那一丁點居高臨下的優越感，還是挺享受的。我當時並沒有想到會太早離開那公寓，但或許是因為對那被我認定是「夢幻之家」的懷念，所以奠定下這本書的誕生。

　　這本書的內容收錄的是近期（2000年後）讓人矚目的屋頂建築。而所謂的屋頂建築（Roof Architecture）也從當年柯比意提議的「第五元素」──屋頂庭院──拓展到住宅、辦公室、休閒設施、公共設施、娛樂設施，甚至是農場與菜園，在不同建築師的詮釋中有了更多元的功能。因此這本書並非僅僅有關於屋頂建築，我認為，屋頂的潛力，似乎有百變的塑造能力，等待人們去發掘。

　　因此，《屋頂記》之所以如此稱之，除了是藉武俠大師的《鹿鼎記》作諧音，更大的緣由是「記」這一字所帶的敘事性。坦白說，我並不是科班出生，不懂建築學術性的層面，但卻覺得，這不應該阻擋人們對建築設計的體會和瞭解。你可以當這是Coffee Table Book式的型錄，也可以當故事書般慢慢將文字咀嚼。我的風格，即便有時候會讓人覺得文縐縐，卻依然想要與人們分享那些建築師們的設計靈感、概念、工作模式、心情、解決問題的思考。寫這本書的初衷，是為了激發創意，引起輿論，成為屋頂建築的引介點。

當然，要感謝有像建築師 Eric Vreedenburgh，在屋頂建築還未成氣候的時候，就前瞻性地出版了《Roof Architecture》，以致我今日才有一塊「墊腳石」，以高清版呈現出新一代的屋頂建築。也感謝所有樂意為民間製造更多屋頂建築的建築師，因為有了你們，人們才不再問：「為什麼要屋頂建築？」而是說：「怎麼不要屋頂建築？」

　　《屋頂記》所下的副標——「重拾綠建築遺忘的立面」，也企圖想在近期逐漸成為全民運動的環保主義中，多增添一份思考的層面。當人們總在宣揚綠建築、綠建材、老屋改造的概念時，是否曾想過，屋頂依然是被忽略的築地？屋頂建築未必在建材或能源上達到百分百的環保境界，但就如一位建築師在書中深信說：「在屋頂上進行建設，就是環保。」

　　我想，這句話應該就是屋頂建築的核心精神了。

　　像個神祕的新大陸，屋頂的逐漸開發，已經是毋庸置疑的現象。所以無論您在世界任何一個角落閱讀著這本書，屋頂建築或許已經悄悄地降落在您的四周。所以，盡管抬頭望望吧！

2011 年 11 月　家中

PS：也要感謝勞苦功高的編輯團隊，你們努力為作者撐腰，讓這雖然僅僅是一小本關於建築的記載，卻讓我相信，它有朝一日將成為另一本《Roof Architecture》，成為他人的「墊腳石」，算是為下一代獻出一份力。

PPS：Special thanks to all architects/architect company.

目錄

屋頂建築新意　Chapter 1　10
住家之用

屋頂建築新意　Chapter 2　92
辦公之用

再次啟動,第五元素

　　世界上,第一個向屋頂挑戰,以全新手法進行設計的偉大現代建築師,可說非柯比意(Le Corbusier,1887-1965)莫屬。

　　早在1926年,他就將「屋頂庭院」稱為「現代建築五元素之一(5 Points d'Une Architecture Nouvelle。其他元素為:底層挑空、自由平面、水平橫窗、自由立面)。一年後,他將這五個元素記載了下來,給了他的築地經理Alfred Rodolf,當時與這「五元素」有所聯繫的藍圖,正是一座位於德國司圖加(Stuttgart)的全新建築。

　　這建築除了採用了獨立支柱(Pilotis),還有橫向長窗(ribbon windows),以及將整個建築空間的排列和立面進行了開放式設計。柯比意當時就宣稱,屋頂該作為起居以及讓人享受自然的用途;他曾認為這是一種充滿實用性的技巧和解決方式,並同時提及到其身心靈和經濟層面上的原理,說道:「灌木叢,甚至高至3、4公尺的樹木,輕易地能種在這裡。這將讓屋頂庭院成為家中最受歡迎的空間。基本上來說,能夠作為庭院的屋頂,其面積也將與整個城市一樣大。」

　　至今,人們依然可以對柯比意的熱情感同身受。讓平坦屋頂或屋頂庭院作為居家的延伸空間,作為一種遺失空間的再利用,作為增加密度的解決方法,甚至僅作為光線和空氣獲取的管道,都是充滿魅力的概念。他也曾說過:「在家裡,人們總覺得到戶外才能感覺到自由——特別是被雲朵和景致圍繞著的時候。」最好的例子就是,他設計的Unite d'Habitation公寓,一座位於西班牙馬塞爾的大型建築。這位偉大建築師付諸於行動,將這裡平面的屋頂化作一個起居環境,從庭

院、泳池到幼兒園皆齊全。自1947年完工以來，已成了屋頂建築的典範，人們爭相拜訪的朝聖地。

《The New Modern House》一書作者Jonathan Bell和Ellie Stathaki就認為，現代建築五元素在當初仍然是一種完美的功能主義，「結果，造就了『好建築』的定義開始與這些房子的普及化形式有所偏離，比起現代主義中的抽象形式主義，更傾向於使用功能主義的理據。換句話說，簡單地遵循人字形屋頂的美學，是缺乏想像力和對傳統系統的承諾。只有顛覆這種舊形式──不管採取任何一種形態──才有可能創造出社會和技術進步的新建築代表。」

但熟悉柯比意的建築之後，亦知道魔鬼總是在細節裡。他那一棟靠近巴黎的經典建築Villa Savoye（薩伏伊別墅），確實為這「五元素」的具體體現，2樓和3樓皆置入了屋頂庭院，與室內空間形成一幅自然景觀。但不幸的是，在這家別墅竣工的6年後，其屋頂的漏水問題依然無法被改善。「我的臥室總是在下雨天淹水。」屋主薩伏伊在1937年寫信給柯比意的時候提起他的慘況。諷刺的是，雖然柯比意按照了他原定的計畫，滿足了這「第五元素」，卻大意地沒有將屋頂進行防水的措施，導致薩伏伊家庭最終搬遷出他們的夢幻之家。同樣的問題亦發生在美輪美奐的Casa Malaparte（1938-42），這個擁有屋頂階梯的建築座落在義大利能俯瞰整片海景的卡布里（Capri）島上，雖然被世人仰慕，卻因其設計的不妥善，而淪為一宗建築史上的慘劇。

屋頂建築的延續

　　柯比意在實行「五元素」時，總是有叫好不叫座的感慨。但幻想將自己的屋頂化成起居空間的夢，卻在世界的另一端，以一種表現貧富之差的形態出現。當時人們皆稱之為「空中閣樓」（penthouse）。

　　發源於美國1920-30年代時期，這些座落於紐約城市中心地帶，裝飾藝術（Art Deco）式的高層公寓樓頂的豪宅，開始以「第一居所」和「稀缺性（scurcity）的城市黃金地段」為賣點，出現在不少電影和小說的故事場景中，進而逐漸形成一種潮流，甚至成為高檔和雅致的代表。與此同時，住在這裡的屋主也潛意識地認為自己與「地面」上的貧困有所區隔──有別於為自己建造更大的房子，或移居到城市的另一區去，在人口逐漸增長的紐約，搬到屋頂上去便成了最佳的選擇。或許，這就是為什麼閣樓式住宅在社會地位較平等的東歐國家比較遲起步的原因。

　　屋頂的延續，也不局限於富人之家。當空中閣樓成為歐美、日本、澳洲等地司空見慣的物業，這一概念卻在非洲和南美洲等發展中國家，以貧民窟的方式湧現。而近在咫尺的例子也有──最明顯的就在廣州、香港等人口密集的大城市中。所謂的新界丁屋（又稱新界小型屋宇政策）或舊式唐樓，在欠缺監管下，也一直出現非法天台屋或有多層複式單位，內置樓梯。這些都是屬於非法擴建，並且往往不獲政府鼓勵，甚至成為捉拿的對象。這無一不抹黑了柯比意當初提出「屋頂庭院」的初衷。而其實，這樣的問題如果當局能在政策上有所

介入，則有可能展現新機（這方面，將在尾章再細談）。

　　不過，屋頂的潛力明顯地在世界各地，不管貧富，都一再地被發掘與重新作詮釋，箇中緣由則非常明顯。其一，就因為屋頂的密封技術變得越來越有效，讓功能性亦隨之進化得擁有更多的可塑性。而且，當都市化現象在世界各地不斷激增的時候，幽靜的郊區已經不再有吸引力，反而越是靠近工作地點的都市建築房價，越有節節高升的跡象。這時問題便出現：人們該在都市的何處去尋找全新空間，以進行起居和現實的操作呢？答案，必然得「往上看」！

　　看來，柯比意的「五元素」只是生不逢時，如今得以再次被啟動，即便是等了一個世紀，也終究大於一個人的生命。

屋
頂
記

屋頂建築新意

維也納的新世紀
Penthouse Ray 1

作為主架構的三角牆與玻璃窗逐漸融合，
人們站在公寓中間，就能覽盡整個維也納
最唯美的城市景致。

地 點	奧地利·維也納
動 工	2000年（設計），2001年11月（施工）
竣 工	2002年11月（不含家私），2003年6月（含家私）
基 地 面 積	230平方公尺
建 築 面 積	340平方公尺
建築師／事務所	Delugan Meissl Associated Architects
計 畫 團 隊	Anke Goll, Christine Hax

公寓的外層以一種名為Alucobond的鋁塗層薄面板製成。
對於這個全玻璃的公寓而言，有效達到一定程度的私密
性，並同一時間阻擋或轉移他人目光。

公寓尾端的休閒區是一塊平坦、寬廣，且充滿著抱枕
的平台。其實，這彷彿更像是一種重新詮釋的陽台。

維也納是座古城。而建立起
能融入該城的現代建築，並非易
事，更何況是採用上世紀1960
年代的屋頂作地基。

但城中的Wieden區域裡，
卻有座閣樓式公寓，彷彿是一台
外星人飛碟，降落後嵌入於傳統
的建築中。它的存在與該城景觀
形成極致的反差，特別是那閃著
銀光，從閣樓背後懸臂式地伸
出，並懸掛在建築中庭上空的立
面，更是挑起路人的好奇心。

以愛巢之名

　　這座公寓之名，取自於科幻小說中才會出現的「鐳射槍」（Raygun），彷彿就像是其創造者異於常人的設計概念般貼切。建築師羅曼・德魯根（Roman Delugan）以及 Elke Meissel 夫婦倆的設計，雖然乍看之下會很自然地將之歸類為數位式解構主義（一如薩哈・哈帝〔Zaha Hadid〕的設計），但 Ray 1 卻另外有著一種輕盈感。在這不尋常的環境裡，讓人感覺自然。「應該是因為它有一種詹姆斯・龐德的風味吧。」熱愛好萊塢電影，有著黝黑皮膚，纖細身材的義籍建築師 Delugan 說。

　　從該建築物的主要樓梯上去，即到達那懸臂式的閣樓入

公寓後面的狹窄陽台，懸臂式地伸出，能欣賞到老城區中
的St. Stephen's大教堂以及Donau城中的全新高樓大廈等，
整個維也納最唯美的城市景致都能盡收眼底。

口。而閣樓裡的空間，也從這裡開始以極致不傳統的層次，
塑造出個別的房間，並在一個讓四周的屋頂景觀忽近忽遠的
序列中，呈現出永動和眩暈的感覺。難怪建築師倆在形容這
項傑作時，總是以「速度」來談論著空間，而非其形狀或功
能。

　　當然，提到這一項設計案的起源，或許得歸功於夫妻倆
的「愛巢」計畫。這棟1960年代建築，本來就落座在他們建
築事務所的對面，雙雙坐望著小型的Platz am Mittersteig三
角式廣場。正在尋找適當住宅的他們，於是有一天便直接走
出辦公室，到對面的這一棟仰慕已久的漂亮辦公樓去，用盡
所能地說服業主讓他們租下屋頂。在同意對所有建築計畫所
面臨的危機進行負責後，他們最終才簽下了99年的合約，並
成功向極致嚴格的維也納當局申請到許可證，進一步建立起
充滿野心的屋頂住宅計畫。他們的祕訣是：以建築的重新詮
釋，「跨越」不可逾越的政策障礙。

細節的巧思

　　其實Ray 1並非維也納最早出現的屋頂建築。但基於該
城市容許屋頂擴建的建築規範中，大多數的新建築也僅以45
度的傾斜立面作複折屋頂（Mansard）而完工。這對建築師
倆而言，略顯得一成不變，但採用自己的新設計方案的最大
挑戰，則是如何將概念化作老少咸宜的住家。因此，為了將
他們自己的建築哲學思想轉換成為現實的建築結構，並同時
考慮到原有建築的情況以及屋頂建築開發的需求，他們最終
選擇採用純鋼結構。

　　僥倖的是，該座建築原本就不是受保護的建築遺產，因此建築師倆才能建立起一棟2層樓、占地230平方公尺的公寓。在經過結構上的加強，這舊建築最終有效承載大約52噸重的鋼原料。這樣一個同質鋼架能均衡地將新建築的重量分布於原有建築的整個表面。鋼架的外層，則以一種名為Alucobond的鋁塗層薄面板製成。在室內，這些面板有遮罩的作用，對於這個全玻璃的公寓而言，有效達到一定程度的私密性，並同一時間阻擋或轉移他人目光。

　　新建築的主要負載由三角牆（gable）來支撐。而交錯和傾斜的設計元素，在很大程度上不受這些支撐物的阻礙，有效實現了空間的流動感。像玻璃窗的逐漸融合，與傾斜的地板和天花，給人一種多重角度和沒影點的印象。因此只要人們站在公寓中間，就能仰望到遠處的雪山；而近看則能欣賞到老城區中的St. Stephen's大教堂以及Donau城中的全新高樓大廈等，整個維也納最唯美的城市景致都能盡收眼底。

　　該建築內的每一個細節，從門把手、開關機制到傢俱，都是出自於建築師的手中；也因為都是特別訂製的，所以能隨設計概念發揮空間連續性的作用。進入公寓後，人們則會被空間內的坡道引導入生活區，廚房則位於中央。後者還很逗趣地被建築師稱為自己的「烹飪座艙」。

　　而確實，這個在公寓中心、往下延伸的白色長型料理台，便是廚房櫃檯與外部立面作視覺連續性的部分。在公寓最尾端的休閒區，則是一塊平坦且寬廣、充滿著抱枕的平台──其實，這彷彿更像是一種重新詮釋的陽台。在讓人有如懸掛在半空中曬著太陽的感覺之時，卻不需要捨棄舒適的居家感，也難怪屋主與孩子們最愛這空間。

後現代訂製

　　在不被外界看好的情況下，建築師們不但成功完成了
這個「愛巢」計畫，該建築還讓他們名聲大躁。但當這棟公
寓被賦予「像名車 Maserati 式的時尚屋頂建築」的榮譽時，
不少人亦會對如此超然現代化的結構，感到冰冷與缺乏人情
味。不過，這卻無阻建築師們向他們的未來客戶進行展示。

　　「Ray 1 可以說是一個展品，因為它是特別基於地理環
境和我們的需求所作的特別訂製。」Delugan 說。「當我們向
客戶展示該公寓的時候，都會稱這是我們的高級訂製服。」
但不同的客戶，將會需要不同的服飾，這就是建築師所要表
達的重點，亦是屋頂建築引人入勝的起始概念。

啟動舊城的空中建築
Nautilus Sky Borne Buildings

整修破倉庫，並在屋頂上置入輕型鋼結構的閣樓，重新展現價值。不僅節省了新城的建設，進而達到環保的長期效用。

地　　　點	荷蘭・海牙
竣　　　工	2005年
建築師／事務所	Archipelontwerpers
計 畫 團 隊	Eric Vreedenburgh, Coen Bouwmeester, Niel Groeneveld, Jaap Baselmans, Guido Zeck

「與其說是屋頂建築，我比較喜歡稱它們為『空中建築』（Sky borne buildings）。」建築師Eric Vreedenburgh之所以常常糾正他人說法，乃因為他對於「空中建築」的設計是極為熱衷與熟悉。他不但在荷蘭國內進行過無數次同類型的計畫，而且還在2005年出版過《Rooftop Architecture》（屋頂建築）一書。因此說他是荷蘭甚至是世界的「屋頂建築先驅」，絕對不為過。（接下來將沿用「屋頂建築」一詞以確保一致性。）

這本書中不但提出了許多他個人的建築理論——包括接下來會提到的「墊腳石策略」，而且還為許多屋頂建築計畫

輕型鋼結構中加入了實木百葉窗，與原有建築的磚牆有著色彩上的
配合，也讓原本屬於冷色系的結構有了一絲的暖意。

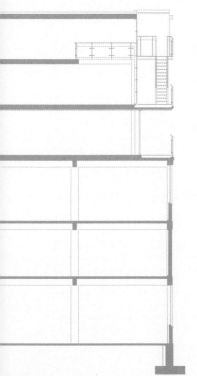

所面臨的問題提出了解決方案。最重要的是，
由他領軍的建築事務所Archipelontwerpers，藉
著荷蘭政府對屋頂建築的開放和鼓勵，已經持
續進行了更大型的設計案，如在海牙的Black
Madonna（黑色瑪利亞）和在鹿特丹Witte de
Withstraat（市區裡文化街）的設計案。

　即便如此，位於荷蘭Scheveningen（席
凡寧根）漁港的屋頂建築Nautilus，雖然只是
Vreedenburgh的第二棟屋頂建築計畫，卻成為
了興起該國對屋頂建築輿論的起點。因此作為
其代表作和屋頂建築設計的切入點，最為貼切。

Nautilus建築繪圖。可見右側新建的三層樓住宅。

左）建築計畫的原有磚質倉庫。

右）遠看，新建築與原有建築的結合，很是和諧。

住宅式畢爾包

「Scheveningen本是一座位於荷蘭海牙的漁港，但是隨著時光流逝，漁業在這一帶已經慢慢失去重心，工業也伴隨著沒落。結果古老的倉庫就變成了累贅，如今更面臨被拆遷的遭遇。與此同時，這裡又需要大量地建造新建築。所以通過整修破倉庫，並在其屋頂上置入鋼鐵閣樓，將使之重新擁有價值，有效增添海港新活力。」Vreedenburgh解釋道。

乍聽之下，建築師對於這漁港的重建似乎有點「畢爾包效應」的影子，但他最終決定走的路線，卻讓資源和空間有限的荷蘭城鎮節省了新城的建設，進而達到環保的長期效用。運用了1995年竣工的第一項建築計畫Harbour View（海景）作為參考點，Nautilus的設計彷彿像是屋頂上的強大鋼製冷卻設備，而建造工程依然是在原有磚質基礎上建立起輕型鋼結構——採取熱軋型（hot-rolled）框架，並植入輕量級

建造工程採用輕型鋼結構，在熱軋型框架中並植入輕量級的面板填充物，讓新建築輕易地就建立起來。

的面板填充物便能完工。

　　但有別於Harbour View的獨棟形態，Nautilus卻需要有三座個別公寓，因此結構比前者複雜得多。例如隔音和出入口的設置，都需要重新的設計。當初，這閣樓式公寓被業主Rob van Hoogdalem預定作為住宅／辦公室或工作坊使用。但這些要求卻在建設過程中不斷地被修改和擴大，以致每一層樓皆有單一的獨立空間，像浴室和臥室的房間可通過滑動板進行隔開。而根據業主的要求，浴室也一定要能處於望向海面的位置（這非常合理，不然還真的浪費掉千金難買的無敵海景）。他們希望，一旦洗完澡後，則能夠按照不同方式通過公寓空間。因此，比較關鍵的設計就是：這家閣樓式公寓的每一層樓皆擁有寬敞的陽台，以及藉由兩座樓梯所帶來的雙重路線。

　　但在技術上，Vreedenburgh卻認為Nautilus的工程更為容易。因為攝取了早前的經驗，即便屋頂建築的設計方案在

面海的立面運用大量玻璃幕牆，除了可擁有寬廣的海景外，也將採光功能最大化。

毫無任何規則的情況下，也能完成並達到一致性。這就是他
所提出的「墊腳石策略」。

墊腳石策略

　　所謂的「墊腳石策略」（Stepping Stone Strategy），其實
為Vreedenburgh自創的一種城市規畫。根據的原則包括兩方
面──（1）主題的制定／確定，以及（2）主題的轉型。而
這一主題並不是個封閉的系統，像樂高玩具一樣，往往在尋
找變數（variant）的同時，必須考慮到所有外在的規則。對
於屋頂建築而言，規則上則有所相反。因為許多相同因素的
介入，個別的建築計畫最終會產生同一主題，隨之產生重複

新建築的三層平面圖。

性。這一主題因此可作為新變數的起點，所有變數也包括許多非主題性的元素、解決方案等等，主題也多得自這些變數而開始進化和演變。

簡單來說，就是「大量訂製」（mass customisation）——在工業生產線過程的邏輯內，生產獨立式房子，或擁有個人風格的靈活性房屋。與此對照，在相同的屋頂建築「主題」中，Scheveningen 海港即變成了塊最佳的「墊腳石」，不但能作為其他城市規畫的借鏡，也開啟了荷蘭屋頂建築的潮流。

Vreedenburgh 還提起，在建造 Nautilus 的同時，已經有新客戶委託他們在隔壁的舊建築上，樹立相同概念、但不同形態的屋頂建築。這時，「墊腳石策略」就正好派上用場。

當然，「墊腳石策略」似乎與 Archipelontwerpers 建築事務所的設計風格有

建築二樓中還包括了一個露天的淋浴空間。

曾經沒落的漁港，卻在新建築內成為了千金難買的無敵海景。

所關聯。因為 Vreedenburgh 本身並不遵循任何現有的設計風格，惟獨一再提起的思考方式是來自於美國先鋒派古典音樂作曲家約翰·凱吉（John Cage）。他說：「我常用理性的（建築）系統和隨機（stochastic）設計的流程。建築雖被建造，但並不以特定的方式。房子就像降落傘，不打開就不知道是否能操作。」

未來天空之城

未來，Vreedenburgh 還想要以「墊腳石策略」來設計並

打造一座「屋頂村莊」。這個計畫將包括有75座公寓、1座屋頂公園、體育設施和兒童遊樂場，活像是現代版的巴比倫空中花園，實行起來必定如舊時代一樣，轟動全世界。不過設想歸設想，「屋頂村莊」目前為止仍然只是建築師的夢想。但回到現實，「Nautilus」的計畫雖然沒有非常宏偉，但卻有小兵立大功的魄力。竣工後，連Archipelontwerpers也經不起誘惑，跟著業主一起搬進去了。

　　「他（業主）告訴我，這是他和他妻子展開全新生活的開始。」Vreedenburgh說。也許撇開屋頂建築所有的複雜技術，它只純粹是個「家」。能夠讓人安居，即已成功了。

是藍精靈的村莊嗎？
Didden Village

一個內藏乾坤的屋頂擴建：每間臥室各自成單獨的小房子、戶外公園、露天淋浴，好個豐富有趣的屋頂生活區。

地　　　點	荷蘭‧鹿特丹
動　　　工	2002年
竣　　　工	2006年
設計師／事務所	MVRDV

　　雖然這村莊並不如Eric Vreedenburgh（Nautilus案的設計師）所想像的那樣，但至少能因為它那——坐落在屋頂上、有點與世隔絕地孤立著、自在地享受著難得可貴的天際線、彷彿是田野中小木屋般愜意——的概念，而令人感到可喜。但憑著那難以被忽略的藍色外觀，卻將此夢拉回現實。這其實不是什麼村莊，而是荷蘭建築事務所MVRDV為屋主Didden一家設計的閣樓建築。取名「村莊」，乃汲取了村莊的主意和精髓。

　　大多數人會想在屋頂上進行加蓋，有兩個原因：其一是需要

兩個相連兒童房的設計，巧妙地以窗戶作為孩子們的互動通道。

Didden Village 看起來像是為現有的舊建築戴上了王冠。當今流行開發城市屋頂空間,以創造新的生活和工作空間,這個擴建專案便是一個例子。

更多的空間,其二是希望在城市的上方獲取遠離他人的生活和工作空間。而從前一篇的 Nautilus 計畫,也應該可以瞭解到,荷蘭政府對於屋頂建築的正面推崇與鼓勵,是屋頂建築持續能在該國出現的原因。而這次的建築設計,看似為全新的打造,其實乃內藏乾坤的屋頂擴建。

　　當住在建築頂樓的屋主委託建築師,要求說他們需要更多空間時,MVRDV 首席設計師 Winy Maas 立即決定將他們僅僅12公尺×12公尺的屋頂拆掉,重新再造!「我們想要試圖做一個擴建的原型,以向人們展示屋頂城市的生活方式。到目前為止,我們還是不被允許在這區域中進行建築的。」他說。確實,值得提起的是,這建築一直是受聯合國教科文組織(UNESCO)保護的古蹟(由此可知其規則會多麼地嚴格),因此要怎麼設計出一個在古城市中心、既可行又不犯法的建築方案呢?

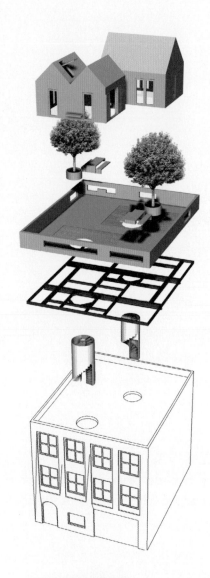

Didden Village 的概念圖。

村莊的解構與重塑

首先，他們在這屋頂上建立起三棟的經典複折屋頂建築，但規模卻比傳統住屋還小，濃縮成僅僅能容納單人／雙人房的臥室。將這些空間的外形重塑的原因，是為了讓每個家庭成員都有屬於自己的「房子」。如此就正好賦予其「小村莊」的感覺。「我們試圖滿足中產階級的農村夢。」Maas貼切地說。

這裡的三間「房子」——一間主臥室，相鄰兩間兒童房——每間臥室都被分成單獨的體塊，以更好地保證每位家庭成員的隱私，但全都能通過一部螺旋樓梯進入閣樓式的客廳。而兩間兒童房的樓梯互相纏繞，形成雙螺旋形。在「房子」建好了後，「小村莊」的周圍則以護牆圍了起來，護牆上開了一些窗戶，用以獲得街道景觀。因為建築設置在一個很大的直線型屋頂上，所以有足夠的空間形成一些小的戶外空間，讓屋主能在庭院內種上樹，放上桌子和長凳，十足像個戶外公園；甚至還可以安上露天淋浴，在夏天時節盡情享受私人的日光

製造工程中。室內所有家私先以塑膠覆蓋好，然後再將樓梯和新建築依次吊上屋頂進行安裝。所有新建築都是預製的組件。

進入房子要通過一個懸浮式螺旋樓梯，才到閣樓式的客廳。通往兩個兒童房的兩個樓梯相互盤繞在一起，形成一個雙螺旋樓梯。房子內並非像人們想像地是藍色的！反而以暖色系的實木為主。

浴場。其可能性如此繁多，僅幻想都能構成豐富有趣的屋頂生活區。因此 Maas 也說：「可以把這棟擴建案看成是未來老城日益稠密的住宅原型，它所帶來的是全新的城市屋頂生活。」

　　彷彿像是為現有的舊建築戴上了王冠，這一項擴建計畫最吸睛的部分，莫過於那藍色聚氨酯塗料粉刷。很好奇為何選擇使用這藍色呢？難道是在宣告「嘿，既然能夠成功占領了這塊不毛之地，何不大勢宣揚一番」的心機？

開拓未來，展望世界

　　大眾對於這計畫所展現的熱衷和高度興趣，讓 Maas 覺得頗為訝異。「這是我們公司最小、

房屋在寬敞水平樓頂的布局，構成了一部分室外空間（房子、廣場、街道和巷弄），使其看起來像一個小村落。這個「村莊」被有窗戶的欄杆圍繞，人可以通過窗戶觀賞外界街道。

而且也是首先在自己家鄉進行的設計，但有可能也是最重要的。」他認為荷蘭或許只是一個開端，類似的計畫還能被應用在其他國家環境內，不管是面對人口稠密的東京，或是家庭成員逐漸增多的馬德里。

　　他解釋說：「這一種計畫包含了一種現代性，因為家庭成員雖然住在不同的空間，卻依然在同一屋簷下。這有點像日本那裡，第一代家庭往往會與第二代的孩子生活在同一所房子裡。這是現代與亞洲傳統的聯手出擊成果。」

墨西哥的空中驛站
Ozuluama Residence

以耐用、不吸塵的可麗耐人造石板覆蓋
屋頂,藉著折紙般的褶皺和角度來塑造
空間,讓城市也成了閣樓的一部分。

地　　　　　點	墨西哥·墨西哥城
動　　　　　工	2004年6月（設計）,2007年10月（施工）
竣　　　　　工	2008年05月
基 地 面 積	150平方公尺
建 築 面 積	120平方公尺
建築師／事務所	Architects Collective
計 畫 團 隊	Kurt Sattler, Julio Amezcua, Francisco Pardo

藉著折紙般的褶皺和角度來達到空間的塑造,新
建築泛白柔軟的表面,讓人們視線輕滑而過,與
公園的樹叢和天際線融為一體,彷彿正浮動於墨
西哥多元化的城市地形中。

喜歡漂泊,但卻不喜歡酒店陌生的氛圍。因此,才會
有Summer House的概念,在另一個城市擁有第二個家,讓
你隨時能逃離城市的喧嘩,藉著轉換環境來轉換心境。對於
Yoshua Okón來說,墨西哥就是他的選擇。

第二個家園

　　位於墨西哥城核心的Condesa區,曾經是跑馬場的區
域。在上世紀20年代,為當地中產階級的聚集地,也成為
了東歐和中歐移民,特別是猶太人的避難處。落地在此的
他們,也為該區帶來一種異國風情,其中位於綠樹成蔭的

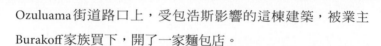

Ozuluama街道路口上，受包浩斯影響的這棟建築，被業主
Burakoff家族買下，開了一家麵包店。

　　但好景不常在，隨著1985年的地震，大部分的墨西哥市
中心，包括Condesa區也受到了極大的損壞。許多家庭也為
了往市郊逃離，把舊建築統統賣掉，這一區也逐漸成了低收
入人士的住宅區。而當年以黑麥麵包聞名的Ozuluama麵包
店，則轉售到了一位老先生Lazaro Okón的手中。沒錯，他
就是Yoshua Okón的爸爸。

　　到了1990年代，當時還是一位年輕藝術家的Yoshua，
就決定將這個粉紅色外牆的麵包店改造成為一個藝廊，並命
名為La Panadería（即「麵包店」）。這個空間不但成為國內

寬闊的客廳窗口，成為了最佳的採光元素。

和國際知名的藝術空間，而且也因為舉辦各方面的活動，如音樂會、講座和電影放映等，讓該區逐漸尋回生氣。特別是咖啡廳、餐廳、玉米卷路邊攤，更是如雨後春筍般冒起。

在 La Panadería 於 2004 年結束營業前，它還進行過一項藝術家居留計畫，即是讓來自墨西哥與國外的藝術家進行交換，而碰巧，曾經參與計畫的就是 Architects Collective 建築事務所的創辦人之一 Kurt Sattler。來自奧地利的他，與 Yoshua 成了好朋友，並常常在藝廊的屋頂上消磨時間。當時那屋頂只是一個簡單（甚至還會漏水）的棚子，但任憑誰都沒想到，這地基卻在隨後成為一項改變人生的屋頂建築計畫。

折紙術的巧思

時過境遷，Yoshua 因為事業，最終定居在美國洛杉磯，而 Sattler 則回到了奧地利工作，但兩人的命運似乎一直離不開 Ozuluama 的這棟建築。10 年前，當 Yoshua 開口委託 Sattler 為該屋頂進行設計的時候，他們又因此建築再聚頭，而蹦出的火花，則是燦爛無比的屋頂建築。因為 Yoshua 一年之中只會在這裡居

建築平面圖

僅150平方公尺的空間，除了有能俯瞰當地公園的露台，沿著一旁的樓梯走上頂樓，
則有另一座觀望台。

住六個月，他不在的時候，房子則讓他朋友、遊客和藝術家
暫住，類似 La Panadería 時期的居留計畫。

「他當時還真的要求了很多東西。」Sattler 回憶說。「像
是露台希望能看到當地公園，或者如果能有 360 度的全景更
好。但這裡也只有 150 平方公尺的空間！最初我們以為這是
無法辦到的。可是一旦我們開始進行折紙式的調整，卻驚訝
地發現，這樣的設計還真的可行呢。」

對於 Yoshua 的要求，看來 Sattler 是一一做到了。藉著折
紙般的褶皺和角度來達到空間的塑造，他打造出來的屋頂建
築，讓這個城市也成了閣樓的一部分。寬闊的客廳窗口外，
是超大的露台，然後沿著一旁的樓梯走上頂樓的觀望台，則

觀望台像極了船首——若幻想圍繞這建築的綠葉是浩瀚的大海，站在這裡遙望著天際線之際，自己就成為船長了。

像極船首——若幻想圍繞這建築的綠葉是浩瀚的大海，站在這裡遙望著天際線之際，自己就成為船長了。而那珍珠灰色的表面，不正如啟航時揚起的帆嗎？

新建材特質

值得提起的是，這整個結構所覆蓋的面料，是丙烯酸聚合物塑膠製成的可麗耐（Corian）人造石板塊，同時也是該

原料第一次使用作為建材。「當初我們在尋找一種能強化『屋頂作為第五立面』這概念的材料，因為屋頂和牆面的設計皆扮演著相同的角色，所以，我們也決定使用相同的原料。」他解釋道。「Corian是一種非常耐用，不吸塵，而且非常精確的原料。唯一的問題是，它未曾被用作為屋頂材料，所以我們不得不自行發明安裝細節和方法。」

他表示，因為這成果最終在經過許多的嘗試後，才創造出合適的尺寸、方向和流暢性。在施工期間最具挑戰性的的地方，就是要確保整個結構的邊緣和接縫精準無誤，好讓室內空間看起來堅固。「特別是在Corian板塊安裝期，我們還真的需要每天都在現場監督。因為傾斜的表面很難構建，也很難以達到精確性。」他說。幸虧墨西哥對於屋頂建築的限制並不嚴格，往往都可以再加蓋多一層樓，因此Sattler也少了一項需要解決的政策問題。

考古式的設計

Ozuluama屋頂建築泛白柔軟的表面，讓人們視線輕滑而過，與公園的樹叢和天際線融為一體，彷彿正浮動於墨西哥多元化的城市地形中。這項設計，也不僅僅是一種建築學，它還是一種考古學——當不同層面的歷史和文化所帶出的啟示，與該城市、街道、建築物和屋主相呼應的時候，它們則擁有更立體的形態，進而被啟動。這充滿張力的折疊形式，因此創造了一個看似短期的棲息地，卻是常年熱鬧不已的第二個家。

初生之犢的攻「頂」之作
Chelsea Hotel Penthouse

在歷史性建築上打造新閣樓的方法：將鋼梁橫跨在磚墩之上，
結構得以浮在原有屋頂庭院上，並有足夠空間排放雨水。

地　　　　點	美國・紐約
建築師／事務所	B Space Architecture + Design LLC
計　畫　團　隊	Blake Goble, Bennett Fradkin

切爾西旅館原有建築。

Ignorance Is Bliss——無知是福，大概能以此形容建築師 Blake Goble 對於紐約最著名的酒店之一所進行擴建時的態度。

建成於1884年的切爾西飯店（Hotel Chelsea），當時就以其樓層高、有閣樓、有屋頂庭院而聞名。它當時是紐約最高的建築物，直到1902年才有建築物高度超過它。在1905年，這座建築物正式被作為旅館使用。它也是紐約市第一座被列為文化遺產而被保護的建築物。

但比起它的歷史性，讓其成為傳奇性建築的原因，或許得歸咎於這裡最初接待的幾位著名作家如：馬克・吐溫、納博科夫、英國詩人狄蘭・托馬斯、美國劇作家

屋主一直都有在屋頂露台保有一塊綠地，因此新建築也在規模上進行調適，以允許最大的開放式戶外空間。建築內部空間因此都比較小，以保持這樣的露台空間。

亞瑟‧米勒，然後到了近代，歌手瑪丹娜則在此進行過攝影，喬尼‧米切爾在此寫出了《切爾西的早晨》這首歌曲——美國前總統柯林頓還因為非常喜愛這首歌，受它啟發，並給女兒取名切爾西。

　　這一切一切，Blake Goble在毫不知情的狀況下，就接下了擴建的委託。所幸，「挽救」該擴建成為世人（特別是紐約客）眾怒的元素，或許就是他所遵循的建築美學概念吧。

屋頂建築起源

　　「我們試圖建立一個不影響任何現有建築物個性的擴建計畫。我們的目標是：希望這擴建，能在具有『強烈的個人

一層半的閣樓中，底層為起居室與書房，上層則是孩子的臥房，藉著間條的玻璃，有效讓日光從天窗引入。

形象』和『正式的現代派』和『材料的形式』上，既融合現有形式也融入著名屋頂實質性的活力。」Goble解釋道。

　　當初，屋主Jonathan和Susan Berg在一個朋友的公寓中看過建築師的作品，而被該空間的採光、線條的極簡和靈敏度吸引住。隨後，當他們的家庭發展到三個人次，並需要額外空間時，自然就想起了Goble。「其實他們原本打算在他們的公寓上增添一個小閣樓，因此委託我去調查，評估這想法的可行性。」他說。

　　屋主本來就住在建築的頂層，而他所提到的這塊築地，本來就在他們私人的屋頂庭院內，只要通過樓梯便能到達。「可是他們的原創概念所涉及到的，只希望以玻璃製成結構，將閣樓打造成一個像溫室／陽光房的空間，明顯地無法將更多的住宅模式轉移到此空間內。」

　　因此建築師所面臨的挑戰則變得明朗：除了得將所有住家的功能性容納於該空間內（占地600平方英尺），還不能為原有的屋頂庭院帶來侵略性；而且在達到最佳的景觀和採光

施工時，最具挑戰性的部分，或許就是物流運輸上的處理。所有建材因此都盡量採用最輕、最小的組件來搬運，最終才在屋頂上進行銜接。

的同時，也需要顧及到隱私，還有得與原有建築和天際線有所融合。在種種因素的考量下，Goble最終才會認為，單純以玻璃或隨後進行粉刷的方式都不可行。

嚴峻的挑戰

使用現有建築物的屋頂作為跳板，新建築參照了複折屋頂的形式，最終設計成一棟一層半的閣樓。底層將有效容納起居室與書房，空間以大型滑動隔牆隔開。上層則是孩子的臥房，藉著間條的玻璃，有效讓日光從天窗引入，這同時也提供了曼哈頓中城的景致。

建築師與結構工程師Nat Oppenheimer一起合作，首先決定，將作為建築基礎的鋼梁橫跨地安置在現有的磚墩之上，結構因此得以浮在原有屋頂庭院上，並有足夠空間進行

新建築以木炭色鋼板包裹起來，為求與原有建築的黑色板岩屋瓦達到融合效果。

雨水排放。而在一百多年後的今日，原有建築的紅磚外牆雖健在，但經由歲月的洗禮，已經變得暗沉，加上其屋瓦乃由黑色板岩構成，因此只要將新建築與木炭色鋼板包裹起來，就能達到融合效果。

當然，最具挑戰性的部分，或許就是物流運輸上的處理。由於建材無法使用小電梯來搬運，因此預製原料也就不能使用。Goble指出，所有建材因此都需要規畫好，盡量採用最輕、最小的組件，好讓其能容入電梯內──甚至在某些情況中，得使用樓梯作搬運！「最困難的原料應該是結構性的鋼梁，全都得分成小塊來搬運，最終才在屋頂上進行銜接。」他說。也難怪，設計過程，包括獲取地標委員會的批准歷時約一年，施工過程大約也用了一年的時間。

可從樓下街道看見整個新建築的側面，同時成為了一種公共設置。

無壓力的精采

　　想要在這個充滿歷史性的建築上打造新的閣樓，不管在文化上、結構上和建築的機械系統處理上，都是充滿挑戰的，更別說是心理所承受的壓力。然而 Goble 回憶起自己當時的心情，卻是感到無比的自在。

　　「我當時還是一個年輕的建築師，我的職業生涯才正要開始。我對切爾西飯店雖不熟悉，但是要通過這樣的方式來擴建，還是有點恐懼的。但我輕狂的熱衷卻讓我克服了任何的猶豫，我亦充分認識到，需要對這個設計案持有很高的期望，但也對該挑戰感到興奮。我有非常支持我的屋主、合作夥伴等人。他們對此設計的堅持，就算在設計、審批和建設過程中的許多困難時期，都一直沒有放棄過。」他說。

　　他也記得，當構架完成後，整個建築的雛形已經可從樓下街道看見。「我頓時感到欣喜若狂，驚覺它與屋頂的其他元素是如此地搭配適宜。」而如今這個閣樓已成為紐約市區中最令人敬佩的建築物之一，同時亦成為了一種公共設置。「每一次我從街上看到它，都會想起自己為城市天際線作出了小小但明顯的貢獻，而心花怒放、感覺飄然。」

　　該擴建計畫的成功打造，或許最重要的後果是，讓 Goble 對挑戰的恐懼感有所減少。「我如今的工作態度就是，再艱巨的挑戰都有解決的方案。」他說。

屋頂建築的改造重生
Sky Court

頂部加建全新的帳篷式結構，形成露台。打通房屋的南面牆體，設計一個直通屋頂的庭院結構，好將光線引入室內。

地　　　點　日本・東京
竣　　　工　2010年
建築師／事務所　蘆沢啟治建築設計事務所（一級建築士事務所
Keiji Ashizawa Design Co.）

在日本，改造（或裝修）是一個較為新興的現象。一棟建築的平均年數往往不到20年——東京市中心的房子更為短暫——坐落在好地段的房子若不想要成為空屋，大舉投資改造再生，似乎是更明智的選擇。

但改造歸改造，若不為舊居產生「好空間」，則有前功盡廢的局面。其實每一個改造項目的成功，都離不開屋主和建築師對原有空間設計的良好特質有所共識。而這次的設計案，多得力於屋主曾在舊房

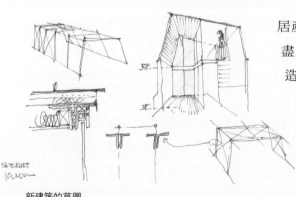

新建築的草圖

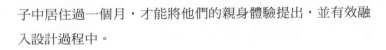

子中居住過一個月，才能將他們的親身體驗提出，並有效融
入設計過程中。

探尋問題癥結

「我們想要將這一棟日本舊房子改造成一個能接觸到
城市和陽光的現代家居環境。房子本來位於一個寧靜的住宅
區，離東京商業區僅幾個街區遠。但房子內僅有兩層的居
室，其中幾間臥室都相當狹促，窗戶也窄小，毫無內外流通
感可言。」屋主說。

屋主的太太也是職業婦女，上班時間夫婦倆都會不在
家，因此原本的建築其實還挺實用的。但是有了兩個孩子

| B1F | 1F | 2F | 3F | RF |

改造後的建築平面圖

後，他們希望將居住空間最大化，創造一個帶有私密性的後院，以及創建一個光線充足的建築結構。此外，由於原來的房子屬於排屋的一部分，屋主希望將建築立面重新修飾，好能與隔壁棟的房子有著區別。這樣的要求，在建築師的觀點內，需要更大膽的改造法。

於是他們找上了蘆沢啟治（Keiji Ashizawa）。曾經在Super Robot（啟治設立的設計工作室）時期，對純鋼有了更深一層的認識與應用，正好能在這設計案中派上用場。特別是當屋主提到要全新的屋頂空間的時候，啟治也認為，純鋼乃最佳的輕級建材。而且在製造上也能盡量簡化，帶出現代感。

屋頂空間再造

「據我所理解，因為屋頂能看見極致優美的景色，所

房子的背面空間，全數以大型玻璃帷幕牆構成。

新的頂層（之前為空調的置放處）也是被回收利用的舊空間之一，因此，傾斜屋頂就可以直接從現有的直牆並列覆蓋完成。

以屋主需要這裡有更多的空間。」啟治說。所以為了在建築規則的限制中達至屋主的要求，建築師所需要的是幾項關鍵改變：在建築的頂部加建一個全新的帳篷式結構，以形成了一個帶有露台的第三層空間。同時，透過打通房屋的南面牆體，以及設計一個直通屋頂的庭院結構，有效將充足的光線引入室內。

　　這樣一來，整棟建築有了極致不尋常的體積。透過屋頂的打通，讓房子的中央擁有了如心形的空間，直通到天空去。新的頂層（之前為空調的置放處）也是不需要被回收利

整棟建築有了極致不尋常的體積。透過屋頂的打通，讓房子的中央擁有了如心形的空間，直通到天空去，採光功能大為增加。

用的舊空間之一，因此，傾斜屋頂就可以直接從現有的直牆並列覆蓋完成。

　　這屋頂空間的其中一個特點是內外空間的融合。設置在2樓的內部庭院不但有效分隔了廚房和客廳，同時還確保了2樓空間與屋頂露台在視覺上的連接。同樣地，3樓的休閒區則與戶外露台銜接著，並讓視線剛好能觀賞到東京夜空中摩天大樓的熠熠星光。因此取名為Sky Court（空中庭院）。

房子的正面，僅看見屋頂的一角，卻被那擁有陽傘的戶外露台吸引住目光。

化困難為動力

　　但建築師坦言，要在屋頂上新建額外空間，在日本是需要有膽識的。不但工程難以得到當局的認證，此外，他們得重新對空間進行計算和策畫，並與結構工程師合作。

　　他說，因為日本建築當局往往不願批准房屋結構上的任何變更（部分原因為當地的地震標準），建築師因此需要透過多方協商和對房屋結構的全面分析，才能確認任何的可行度。「本來屋頂再造後依然還是屋頂（的形式），但是如今這棟建築的屋頂，也將同時有了體積，這將意味著，它將會被

視作新的一層樓。」啟治說。

他認為，遵循新的建築規則來為此屋頂空間進行申請，還是小事；比較累人的，反而是因為當局也沒有太多此類案例的經驗，所以意味著，協商過程往往都需要費盡唇舌。這一點，或許對於還年輕的他而言，依然是計畫的問題之一。「但在當初得知新的屋頂方案，我就知道這將成為大案例。」

而他所指的「大案例」，在日本人的眼中確實是野心勃勃的——這項計畫已經從僅僅是改造裝修工程，跨越成了需要很長時間進行思考和製造的建築工程。「但是，我也對此工程感到興奮，因為這將代表有許多的可能性會在東京發生，這意味著它將能成為極佳的原型。」

像東京這樣一個寸土寸金的城市，人們或許需要接受一個更為垂直的生活方式，將樓層擴展至 3～4 層。在面對建築設計的挑戰時，建築師也需要發展出全新的方式來利用這些垂直空間。「當你需要在現有的基礎上，為改造計畫加入限制，雙方都必定要有絕佳的創意。特別像這案子，這一挑戰卻反而激起了每一個人對此案例的熱情與合作的能量。」他說。

在改造竣工以後，啟治和公司團隊也有機會回到這裡進行數次的探訪。而他們感到驚訝的是，這些改造已經變得越來越接近屋主的生活方式，甚至還超越了預期的想像。「在達到屋主的需求之餘，這已經成了一棟與城市有所連接、卻保持一定的距離的家，這就是 Sky Court 的定義！」啟治自豪地說。

最靠近陽光的地方
House in Egota

以「減法式的住宅規畫」，達到「屋頂上的陽光房兼浴室」。
以玻璃、環保木材和金屬架為主要材質，強調自然氣息和
採光。

地　　點　日本・東京
建築師／事務所　Suppose Design Office

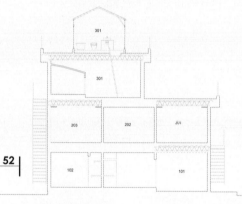

建築改造後側面圖

在屋頂上建座陽光房，並不是建築師谷尻誠（Makoto Tanijiri）的概念。但他願意負上責任的是，將這原有的陽光房改造成為開放式浴室的設計。開放式的浴室耶！即便在擁有最前衛住宅建築的日本，這似乎還是個頗大膽的規畫，更別說是挑戰了屋主的私密性（雖然說，只要屋主能接受即可）。

或許這成果有賴於谷尻誠本是個典型的非學院派室內設計師。他並非出自名校，唯一被提及的學歷就是他1994年從日本穴吹設計學院（Anabuki Design College）畢業，而且傳聞只唸了兩年。畢業之後在Motokane建築事務所工作5年，隨後效力於HAL建築事務所，緊接著在26歲的時候就創立了自己的設計事務所Suppose Design Office。

回到這「屋頂上的陽光房兼浴室」的概念，其實從建築學的觀點來看，並非是毫無根據的設計。

在屋頂上建座陽光房，並不是建築師谷尻誠的概念。但他願意負上責任的是，將這原有的陽光房改造成為開放式浴室的設計。

舊空間新減法

位於日本東京江古田區的這項房屋裝修工程，原本的建築是座有著舊式鋼結構、位於第3層的公寓建築。在此之前，1、2層樓的空間都出租，而第3樓則是屋主的私人空間。「屋主說他在電視上看到我們的作品，才會跟我們聯絡。他想要的是一棟比較特別的住宅，而且還想要將裝修工程減至最低，也不要任何額外的建造。」建築師說。因此，「減法式的住宅規畫」即被派上用場。

「由於這住宅已逐漸變舊，而且建築的質量本來就不

除了一座戶外樓梯,屋頂的陽光房也可以從室內的樓梯抵達。
(不過,說真的,還挺危險的!)

高,因此我就建議,在保留房屋原有的基礎上,把內部空間打造得更具吸引力。」他說。如果是因為住房面積小,為拓展生活空間而建造的陽光房,本來是不錯的選擇。但谷尻誠則希望,每次都能在裝修工程中尋找新事物。不僅僅是在繪圖上,連拆建過程、新興建築結構都會仔細察看,並對舊和新的質感作想像,以思考如何去應用它們。「這是在日本文化中經常出現的設計手法。這個案例也是從這樣的診斷過程中發展出來的。」他解釋道。

採用了「減法式的住宅規畫」,這裡所有房間的裝修皆擁有一個共同點,就是:在未改變房屋大部分格局的情況下,移除某些結構而非增加。這是與一般裝修不一樣的,更需要精細的思考。人稱「編輯、編輯、編輯」,正是這規畫的關鍵詞。「在這樣的設計手法中,最難決定的是要去掉哪個元素,以使該空間顯得有趣。」裝修後的房屋除了需要保留其過去幾十載的回憶外,也得展示不同的新面貌。

浴室，不是問題

　　建築師首先讓每層樓都設有各自的出入口，進而打造出每一個樓層都不一樣的格局：1樓的地板全部拆除，以減少連續基礎所帶來的濕氣；2樓的所有天花也被移除，並換上更為有效的隔音設施；3樓空間則額外增添了保溫和防水的外牆；最後，因為其他樓層現今都已擁有相當寬闊的起居空間，屋頂的陽光房自然就能考慮被改造為一間大型浴室。

　　不過，回想起來，他也覺得要將這屋頂陽光房改造成浴室的決定，並不怎麼樣困擾人。「由於周邊地區沒有高層建築，所以私密性本來就不是大問題。至於隔熱通風，其實只要將門口打開，就有可能達到通風作用。如果陽光過曬，則可放置一個高大的植物來創造遮陽性。地板本身也擁有氣密性，可防止冬季寒冷空氣的進入。」加上以玻璃、環保木材和金屬架為主要材質，建築師也極力強調對自然氣息和光線

建築改造後的平面圖

的使用，讓陽光房的功能最大化。

那真的一點挑戰性都沒有嗎？「我還真的不記得了。」他笑說：「因為，當工程開始後，一切就變得非常緊湊。而當整個計畫完成了以後，當它變成一棟有趣的住宅後，我也就忘了最困難的事。」他自認，每一次完成設計案，都是會有這樣「解脫」的感覺。「有時候，像施工圖往往是我們用來與建築工人分享設計最終形象的方式，但問題出現也就得在現場做決定。我們總是試圖在當時狀況中，盡量提出最好的方案。」

屋頂建築v.s.環保

陽光房本來在環保主義中就不獲好評，因為若建材使用不恰當的時候，隔熱保溫將成問題，進而會因為採用額外空調系統，產生能源上的消耗。

採用了「減法式的住宅規畫」，房間的裝修皆在未改變房屋大部分格局的情況下，移除某些結構而非增加。浴室樓下的空間裡，僅創造了一個木質小空間，作為較私密活動的用途。

建築師覺得，要將這屋頂陽光房改造成浴室的決定，並不怎麼樣困擾人，因為周邊地區沒有高層建築，所以私密性本來就不是大問題。

　　但建築師反而認為，他的陽光房卻在設計上能同時解決環保和屋頂建築這兩項問題。「這確實是一項極致特別的住宅。」他說，「我認為，其實最好的環保設計，是一種能帶來更多益處的城市規畫──像在空間中，建造小型公園或池塘，以便創造更通風的建築景觀，而非只是僅僅將綠意栽種於花盆，擺放在建築中。」

　　他承認，如果日本能夠有更多這樣的屋頂建築，每一棟新打造的建築就像是在製造一座景觀。「若置放了綠意，而沒有推動更進一步的環境影響，那麼它就變成一種無用的東西。」

　　以裝修來改變世界的方式，雖然仍為一步一腳印地緩慢，但卻在日本踏實地逐漸獲得更多現代社會的需求。而建築師能夠打造出新舊特徵交織的空間所展現的自然氣息，就如同復古牛仔褲搭配新襯衫般，創造出一個融合兩種風格的舒適空間，讓屋頂建築與環保主義擁有雙贏的局面。

屋

頂

記

屋頂成私人公園
Maximum Garden House

建築立面的植被彷彿天然幕牆，能用來擋雨。斜面屋頂構造像起伏的山巒，最適合人們坐著或躺下來，聊聊天並共用同一片風景。

地　　　　點	新加坡
竣　　　　工	2010年
建 築 面 積	350平方公尺
建築師／事務所	Formwerkz Architects
設 計 團 隊	Alan Tay, TF Wong, Benny Feng

斜面屋頂構造很容易讓人想起起伏的山巒景致。建築師們在設想那傾斜的一面，最適合人們一同坐著或躺下來，聊聊天並同時共用同一片風景，就像是在公園裡。

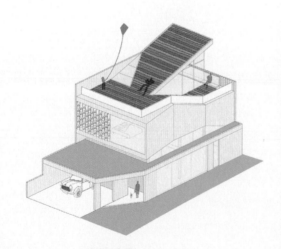

建築概念圖

　　來自新加坡的Formwerkz建築事務所，對於屋頂的建設，特別是將之綠化，早就成了他們的建築風格之一。從Alleyway House的精緻小庭院，或是The Apartment House的人造屋頂草坪，無一不為新加坡住宅設計帶來新意。而來到了這一次的設計案，如其名，更是將屋頂和綠化的主意最大化，整個房子乍看之下，彷彿是被垂直庭院大師布朗克（Patrick Blanc）附身般，建築師絲毫沒有放過住宅的任何一個表面，將庭院無限擴展。

巧妙的綠化過程

　　「我覺得新加坡是需要更多屋頂建築的。」建築事務所
創辦人之一Alan Tay說。「一個規畫良好的屋頂空間，可以為
低層與高密度的住宅區產生更多的戶外空間。」這也是在設
計Maximum Garden House時所提出的首要問題：當這些住
宅本來就擁有非常小的室外空間時，如何讓一座半獨立式住
宅能擁有更大的庭院？

　　「建商對於這樣的住宅，往往僅在一棟住宅建好以後，
多留一小塊土地作為栽種的園地而已。」Alan解釋道。明顯
地，在他的眼中這是不夠的。「因此，這棟住宅的設計所尋
求的是：如何讓住宅擁有更多綠意，來修整現代傳統住宅的

這建立在房子左邊的側牆，是符合地方規定的，屬半獨立房子所被允許的作法，可延長超越屋頂的露台。

不平衡之處，讓住宅設計更加滿足屋主的需求。」

首先建築師從人們比較容易忽略的建築立面著手進行綠化。這包括了將垂直牆壁植物種植在牆壁前面的壁龕中，以及將灌木種植在汽車門廊頂上。然後在第2層樓的封閉式建築立面處，則安置上一層種植系統，彷彿是一種天然的幕牆。其目的能作為擋雨螢幕之用，也能達到隱私效果。

「對於這牆壁上的細節設計，我們自己也感到非常興奮。」Alan說。「它看起來就像是個有機體。植物製的幕牆也表達出人類自古以來對自然的喜愛。」

但在這綠意盎然的外觀中，斜面屋頂的設置卻自然讓人反問：為何不一併給綠化？就算採取同樣的形式也並非不可能，不是嗎？

建築師從人們比較容易忽略的建築立面著手進行綠化。這包括了將垂直牆壁植物種植在汽車門廊頂上，以及第2層樓的封閉式建築立面處。

走在斜面屋頂,不難成為一家大小的新樂園。四周有了欄杆,孩子們的安全也被照料到。雖然建築師們承認,這坡度可能對老人家具有些許的挑戰性。

爬上屋頂的懷念

　　「其實,我們對於能爬上屋頂的概念非常懷念。」Alan
解釋說。「斜面屋頂構造很容易讓人想起起伏的山巒景致。
我們設想那傾斜的一面最適合人們一同坐著或躺下來,聊聊
天並同時共用同一片風景,就像是在公園裡。」

　　所以在為房子加入這個全新的結構時,就決定要一個木
材製成的甲板,只要採用水泥製成的基礎,就完全不會有負
荷問題。而其設計的向度,出自交錯複雜的建築體中,卻依
然保持與室內的連續性,乃遵循了奧地利建築師阿道夫·魯
斯(Adolf Loos)的「Raumplan」(空間體量設計)設計模式
所達到的效果。

斜面屋頂天台的設計，出自交錯複雜的建築體中，卻依然保持與室內的連續性。

1930年時，魯斯曾如此定義「Raumplan」：把空間看作一個自由的、並且在不同的高度上來進行空間的布局，而非局限於某一個單獨的樓層。這種方法把相互間有所聯繫的房間組織成一個和諧而不可分割的整體，因此也是對於空間最為經濟的利用，根據房間的不同用途及其重要性，它們不僅大小長短不同，而且高度也有變化。

建築師Alan也解釋道，這房子的不同部分是有連續性空間的。不同樓層的融合，讓空間之間有了相互關係。屋頂露台的斜坡，與房子內交錯的部分相呼應，讓房子的流線從室內持續到室外空間。

屋主對於此設計，從一開始就給予很大的支持。「他們也幾乎參與了整個設計的過程。」Alan稱。這棟住宅的屋主是一個擁有兩個小孩的母親，她希望在住宅中能同時看到兩個小孩的行動，即使這兩個小孩不在同一個地方。因此魯斯的「空間體量設計」理念，恰巧迎合這樣的生活方式。

雖然該屋頂的建設並沒有如日本Tezuka建築事務所的Roof House多元化（他們的屋頂還可以放置餐桌用餐），但則與Mount Fuji建築事務所打造的Secondary Landscape（參見第160頁）有異曲同工之妙，並證明：「單純地」將屋頂打造成為室外空間，已經是件跨國的巧思了。

成長之家，等待茂盛之美
Growing House

使用強力的和廉價的安全圍欄材料，用雙層氫氣鑲嵌法的玻璃牆可隔熱保溫。還有太陽能發電、雨水收集、屋頂綠化、超絕緣體和冷凝式鍋爐的安置。

地　　　　點　英國·倫敦
動　　　　工　2001年4月（設計），2005年8月（施工）
竣　　　　工　2006年8月
建 築 面 積　260 平方公尺
建築師／事務所　Tonkin Liu with Richard Rogers

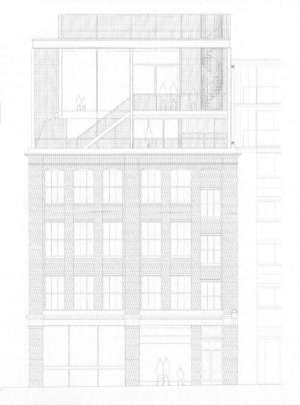

建築側面圖

乍看之下，這棟屋頂建築是有點突兀。座落在倫敦Shoreditch區的一座倉庫之上，其白白的現代色澤，獨立於毗鄰建築群中，很有一種鶴立雞群的視覺感；再加上僅僅以玻璃作立面，或許讓人感覺隱私全無。

但這只是暫時性的。瞭解到「成長」將成為這棟屋頂建築的主旨後，等待其茂盛的成熟期，則會是一場綠意盎然的驚喜。

新建築剛建成之時，獨立於毗鄰建築群中，有點突兀。但它只是暫時性地，待達到茂盛的成熟期，則會是一場綠意盎然的驚喜。

宜居的不放棄

倫敦這個大都會，說實在的，早就沒有獨棟住宅的建築「餘地」。除了目前積極的高樓建設外，或許，剩下有利用價值的就只有屋頂。而且倫敦的許多舊倉庫，在結構上都曾經應付過大型的負載：從重型機械到大量工人和貨物等，因此要將之擴建個1或2層樓是絕對可行的。這樣一來，也能為人口日益增長的倫敦解決問題。

由 Anna Liu 和 Mike Tonkin 組成的 Tonkin Liu 建築事務所負責打造的 Growing House，或許就開創了倫敦屋頂建築的先例。屋主一家六口，為了持續居留在這城市的心臟地帶，便決定要在屋頂上打造完美住宅。他們希望能打造一座擁有6間臥室的家庭住宅，在將其空間潛力最大化之際，也需要有戶外空間。與此同時，屋主也希望這棟建築能為這個社區帶來一點綠意，認為說只要將城市給綠化，就能打造一個

為了達到最佳的採光和View，建築的立面全是玻璃牆，好讓另外的南面和西面室內空間不會處於昏暗的氛圍裡。

理想的宜居之地，而一旦成了宜居之地，這個城市則會不斷「成長」——那是2001年的事了。

而他們選擇的這塊築地，卻讓建築師嘗到了為期5年、過關斬將的城市申請。「因為這一城市的基地，總共涉及到五個不同部門。」建築師之一Anna Liu說。她指出，從現有建築頂樓公寓的業主、上空權（air rights）的所有權者、毗鄰建築物對於共用升降機及入口通道的所有權者、乃至新建築的連接橋梁燈光權（需要得到毗鄰建築物的兩位公寓業主批准），都一一展現了屋頂建築往往所面臨的難題。

雖然每棟屋頂建築都是個案，問題雖雷同，但卻會涉及到各異的狀況。難怪問及Anna最難忘的一刻時，她會說：「應該是經過多年的『紙上談兵』，終於看到鋼結構在7天內被立起的時候吧。」

超輕盈的重心

原有磚製倉庫的結構因戰後遭到破壞而曾經重建過，但其中央柱子則已經無法負荷額外重量，所以新建築的重量則需要被轉移到圍牆上——截至目前為止，還算是尋常的屋頂

左）房內樓梯處的圍欄，與屋外的一大面格柵螢幕，全是來自強力的和廉價的材料，
卻在簡單的設計中，展現優雅。
右）新建築上層主要的生活空間呈寬敞的L型，將主臥、起居室、廚房連接了起來。
唯一達到絕佳私密性的是浴室，以巨大的推拉門進行開關。

建築格式——因此，建築師需要在屋頂安置圈梁，好讓一個
鋼架能聳立起來，形成更高的轉移結構，以「懸掛」起新的
建築，從而創造一個大型開放式空間。

　　接著，住宅的向度則成為了考量的元素。北面和東面，
皆被其他建築的山牆阻擋著，因此為了達到最佳的採光和
View，建築的立面則全以玻璃牆來完工，好讓另外的南面和
西面的室內空間不會處於昏暗的氛圍裡。

　　這2層樓的新建築，將需要通過毗鄰建築物的橋梁而進
入，接著沿著玻璃牆外的走廊兼陽台進入室內。下面樓層分
為5間臥室和1個設有下沉式談話區的遊樂空間；上層主要
的生活空間，則呈寬敞的L型，將主臥室、起居室、廚房連
接了起來。唯一達到絕佳私密性的是浴室，以巨大的推拉門
當作出入開關。

季節變更的美妙

　　Tonkin Liu建築事務所的一貫設計，都熱愛採用日常生

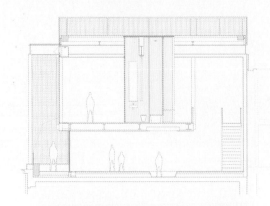

活中隨手可得的材料，盡情去改造，塑造非凡的概念之作。在面對Growing House的築地時，即便有著預算的限制，他們卻將大部分額度花在創新的結構和環境的組成部分上。為了解決北面和東面建築美學上的差異性，建築師特別打造的一大面格柵螢幕，全是來自強力的和廉價的安全圍欄材料。

　　至於為何採用了白色作為主色，則隨著歲月的推移而在意義上變得其次。因為這網格將會逐漸成為建築外圍植物的攀牆之處——從紫藤、茉莉到鐵線蓮，它們除了有遮陽、隱私的作用，還有散發芬芳的特性。而且建築師還為此打造了屋頂建築鮮為人見的「呼吸室」。

　　在所有的立面都以玻璃牆作主概念後，隔熱和通風一事肯定得解決。其實南面和西面的玻璃牆採用了雙層氬氣（argon）的鑲嵌法，有效達到隔熱保溫作用。而地板和天花板的格柵將有效進行通風作用。

屋外的網格將會逐漸成為建築外圍植物的攀牆之處——從紫藤、茉莉到鐵線蓮，它們除了有遮陽、隱私的作用，還有散發芬芳的特性。

新建築側面依然可見原有的磚製倉庫的結構。後方則是通過毗鄰建築物進入新建築時,所需要另外架起的額外橋梁。

因此在夏季,冷空氣將通過地板格柵上升,並讓花香充滿房間;熱空氣則通過天花板上升,並從立面的自動化縫隙推出。外部的格柵和植物牆本來就提供遮陽作用;到了冬天,周邊的空調將以對流方式暖和室內空間。除此之外,該建築中也擁有其他環保的特性,包括太陽能發電、雨水收集、屋頂綠化、超絕緣體和冷凝式鍋爐的安置。

造福天際線

花了5年時間來完成這個建案,不曉得Tonkin Liu倆人是否覺得值得?「絕對值得期待,而且我看我們還開創了一個先例。所以希望其他屋主和建築師,在看過這樣一個案例,因為曾排除萬難地完成,或許會更有勇氣進行未來的屋頂建案。」

確實,他們任勞任怨的成果,卻是造福了倫敦市。天際線因Growing House的立起,有了綠色的「燈塔」;但更重要的是,Anna稱,屋頂建築將成為一種有趣的公共和私人的空間建設類型:它同時可以被隱藏起來,或擁有高度的視覺性。「一個城市的天際線,應該如其豐富和善於交際的街道,它應該充滿熱愛享受光線與天空視野的人。」Growing House確實跨出了最好的第一步。

生命所能承受的重
Hemeroscopium House

建材使用大型預製的梁架，7天快速組裝完成，再
以一塊20噸的花崗岩「封頂」。懸臂在半空中的，
是以U型混凝土梁架構成的單道泳池。

地 點	西班牙·馬德里
建 築 面 積	400平方公尺
動 工	2005年12月
竣 工	2008年6月
建築師／事務所	Ensamble Studio

70

「我稱之為『飛天泳池』。」僅8歲的Antón所指的，就
是他家中2樓，懸臂在半空中，長21公尺的單道泳池。此處
成為他的最愛空間的原因，其實不難理解。任誰都想要在居
家空間裡自由暢泳，擁有私密的自在感，更別說泳池盡頭
處，還能眺望馬德里Las Rozas郊區的美景。如果這不是每個
人都夢寐以求的，那才真的瘋狂呢。

雖然，說實在，將屋頂當作泳池的設計不少，但能夠如
這棟建築如此地極端，肯定是獨一無二。但這泳池怎麼看，
都彷彿有點熟悉的感覺，緣由是，其建材乃來自於公共建設
中常見的U型混凝土梁架……打著主意是：其實整個建築的
設計都是如此！

若環繞建築視察則會
發現，其實建築師只僅僅
用了7塊組件——將混凝
土梁一個接一個，螺旋式

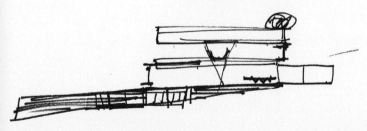

懸臂在半空中，長21公尺的單道「飛天泳池」，其實建材為高1.1公尺、約21公尺長，重達38和40噸之間的U型梁。

地層疊上升，進而將結構給完成。加上35塊玻璃牆的封閉，這名副其實地與一般現代式住宅沒兩樣。究竟是誰有何能耐，將這些以噸計算重量的組件，進行如此大膽的建設呢？

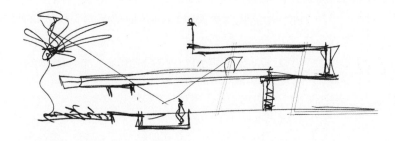

怪博士現形

　　來自西班牙馬德里 Ensamble 建築事務所的掌門人 Antón García Abril，還真的認為自己是個「Madman」（瘋子）。對於自己奇想設計的可行度，總有打破砂鍋問到底的精神，

使用大型預製的梁架構成，在建築過程中，確實變成如樂高般的塊狀結合體。而實際上，這兩層住宅在短短的7天就組裝完成！

1樓也以開放式風格為主，呈現出一個大的庭院和游泳池。

彷彿是建築業中的「怪博士」。但若從他的早前作品，其實就能看出，他最拿手的本來就是石材的應用。不管是位於Santiago de Campostela的作者和編輯協會（SGAE）中央辦公室，還是該地的音樂研究中心，大部分的建築都看似沉重，看似堅不可摧，甚至有時候粗糙不已，卻往往有讓人耳目一新的原創性。

　　而到了為自己設計新居的時候，雖然遵循了自己的風格，卻在某些程度上採取了變化。與同樣為建築師的妻子Débora Mesa聯合打造，「在造這所房子時，」García說，「我們同時是建築師、屋主，也是承辦商，所以我們真的為此次行為承擔全面的責任。」除了簡單地為自己造一個家，他也決定利用這個機會來測試一些建築事務所的研究。

　　「房子當然是我的家，但它也成為我的實驗室——即使它乃發展自我們辦公室的研究，我們都生活和經歷於這個結構內。這樣一來，我們也將會得到第一手的資料。有別於一般的計畫，我們往往只會得到建築物的表現報告而已。」

　　因此他們玩味地決定在建材上使用大型預製

圍繞著 Hemeroscopium House 的是馬德里 Las Rozas 郊區的美景。

（prefabricate）的梁架，而且還將它們視為樂高般的塊狀結
合體。他認為這些混凝土組件都是價錢合適，擁有「高效結
構性」，並且可快速組裝的。而確實，他所謂的「快」，實際
上，這兩層住宅在短短的7天就組裝完成！

快速建造祕訣

　　然而，最具挑戰性的部分，García 也透露，或許就是確
保這些大型的預製組件可以充分地平衡著，這個艱苦的過程
中，涉及多項小型試驗。因此單單是設計，就花上了至少兩
年的時間，頗有「養軍千日，用在一時」的意境。施工期
間，建築團隊只使用了起重機，將這些超大件建材全組裝到
位後，便以一塊20噸的花崗岩「封頂」。這個關鍵元素，是
讓整個建築產生重力平衡的所在。直白地矗立著，亦很諷刺
地被建築師稱為高潮之點──「G point」。

從 Hemeroscopium House 的組裝方式和強壓性質，不得不讓人聯想起另一位大師庫哈斯（Rem Koolhaas）的波爾多別墅（Villa in Bordeaux）設計。那棟建築中，有著一個巨大的懸臂式混凝土盒子，聳立在四面玻璃牆之上，顯然僅僅以一個1公尺多高的鋼製I型梁放置在混凝土箱之上，並以鋼電纜聯繫到地基上。這兩座結構中，若不能輕易地察覺到重力的分布方式的話，想要試圖理性地瞭解這些結構的耐心，則會很快地失去。不過兩種結構卻看起來完全理性地以線性元素完成。

有人稱，這建築沒有任何邏輯，但 García 反而說：「將重量改造得輕盈，是一次有趣的建築學鍛鍊……這些混凝土組件定義了空間，卻沒有將之封閉，進而催生其獨特性。」最特別的是，這設計有效地將建築規模拉長。而在他心目中，這些巨大的建材早已成了畫筆，被用來「描繪」建築。

「怪博士之家」，僅僅用了7塊組件，將混凝土梁一個接一個、螺旋式地層疊上升，進而完成結構。

夕陽無限好

　　Hemeroscopium House之名，來自於希臘語文中，意指夕陽西下的地方，暗指存在於我們頭腦、在我們的感官裡，它不斷變化、但仍然是真實存在的地方。就像藉由地平線作為引用的分隔點，藉由光的定義而擁有物理的限制，隨歲月延展。

　　該建築設計不但有效將居家給套牢，也將遠處的地平線給鎖進視野內，讓每間客房都有自己的View。因為平面圖採取了開放模式，因此每個空間的功能皆充滿彈性，可靈活調整。1樓的L形空間裡共有兩個生活區，另一邊則是廚房、洗衣房和儲藏室，2樓則有主臥室以及孩子的睡房。

　　而且，因為大部分的牆壁是玻璃，所以有充足的自然採光。夫婦倆決定不安裝任何的懸掛式裝置，因此這裡僅有落

以35塊玻璃牆封閉，讓每間客房都有自己的View。但是女主人就稱：「我們節省的電費，都用來付給窗戶清潔工人了！」

地燈，但那也只有少數。Débora 還曾笑說：「我們節省的電費，都用來付給窗戶清潔工人了！」

　　當 García 一家人浩浩蕩蕩地，在7年前入住於此家時，也同時開啟了他們建築事務所的成立。截至目前為止，這棟建築已引起了許多人，包括幾個新客戶，對採用混凝土建材作設計的興趣和關注，甚至還有的要求說要一模一樣的房子！他們夫婦倆曾經拒絕此想法，不過如今正在重新考慮決定。起初，他們認為，這個只是作為實驗的建築，卻讓其他人來住，似乎有點奇怪。但是，如果安迪・沃霍爾這位藝術家都可以將原型進行流水線生產，那建築師當然也可以。

　　García 說：「為什麼不呢？」因為每一棟新家將會有不同的築地，所以，「它永遠會不一樣。」而我什麼都無所謂，就祈求能擁有那「飛天泳池」就夠了。

恰到好處的裝飾性
Nibelungengasse

住家之用

高度絕緣玻璃和帷幕牆能防曬、採光和防火，低耗能且支援被動性的能源發電。戶外的綠地能儲存雨水，作為建築的隔熱冷卻系統。

地　　　　點	奧地利‧維也納	
動　　　　工	2003年9月（設計），2005年6月（施工）	
竣　　　　工	2008年	
基 地 面 積	2402平方公尺	
建 築 面 積	2102平方公尺	
建築師／事務所	RÜDIGER LAINER + PARTNER	

屋頂建築目前占了維也納城中發展計畫的大多數。可見，自Ray 1閣樓式公寓（參見第13頁）完工以來，人們（或發展商）已經認定，屋頂建築能有效提供讓社會相容與密集化的機會。然而，這些屋頂建築卻往往只是以加蓋（toppping up）工程居多，在設計上總是無法與下面的樓層或附近的建築物有所區隔。對於維也納這一座古城來說，要屋頂建築不單調且又不浮誇，確實比一般建築設計多了一層的考驗。

但如何拿捏這樣的設計，似乎對建築師Rüdiger Lainer來說並不困難。他出生於奧地利薩爾茨堡（Salzburg），如今定居於維也納。這兩大城市皆受大量的巴洛克風格所影響，因此，裝飾性的元素在城內比比皆是。而Nibelungengasse的築地也不例外。「考慮到這棟建築位於著名的Karlsplatz廣場，並且面對著巴洛克式風格的Karls教堂，我希望這個屋頂設計將會是明顯的，並且可以作為城中接下來將進行的其他建案的範本。」他說。

面向庭院的側面以錯開設計法,讓每一間公寓之間的視覺串聯性消除,進而達到了私密感。

巴洛克的取悅性

　　當初發展商邀請他以及其他兩家建築事務所,讓他們提出適當的屋頂建築概念。而Lainer則記得,他的設計是所有概念中唯一超越出現有屋頂圍護(範圍/範疇)的計畫。因為企圖突破局限的框框,反而開發了一種開放式的規畫。

　　面向街道的立面全以「浮動的翅膀」勾勒出輪廓,並以玻璃帷幕牆進行空間的間隔。而面向庭院的側面,則以錯開設計法,讓每一間公寓之間的視覺串聯性消除,進而達到了私密感。Lainer說,他的靈感來自於一個以長型的剪裁、並將之擴大的屋頂,然後表面再折疊出角度來,形成類似翅膀的感覺。

新建築面向街道的立面全以「浮動的翅膀」勾列出輪廓，並以玻璃帷幕牆進行空間的間隔。

　　「原則上來說，巴洛克之所以能取悅人心，並非直接與其必然的裝飾性有所關聯，反而卻在某個程度上需要一種強烈個性的打造；但我對於這些個性的理解和使用，特別是在立面的強烈性，卻有所不同。」

　　Lainer 曾經提到，他早就對建築的宏觀式美學（macro-aesthetic）大感興趣。因此設計時總基於三種手法：「一，取悅的情境：我該如何在詮釋基本建築結構時納入環境作思考？二，有關符號學、符號、強烈性的問題。這問題出現於

建築中乍看似裝飾的「翅膀」，其實卻能達到防曬和採光的雙重功能，並且還能達到樓層之間的防火作用。

我對於整個現代建築行業的迷惘所作的研究。我想知道，該怎麼不以後現代裝飾需求去傳達資訊的密度。三，則是奧圖・華格納（Otto Wagner，1841-1918）和阿道夫・魯斯（Adolf Loos）倆關於服裝的論述——即現代裝飾不再像傳統裝飾那樣能體現民族文化，所以產生這種『世界性』的裝飾，是沒有必要的。」

屋頂建築的綠化

雖然設計最終是為了達到經典、現代主義建築的合成，但他認為自己並沒有在立面上建立了裝飾。相反地，Nibelungengasse那些乍看似裝飾的「翅膀」，其實卻能達到防曬和採光的雙重功能，並且還能為樓層之間進行防火作用。該建築也從利用混凝土的熱質、高度絕緣玻璃和帷幕牆等元素，達到低耗能概念。

該建築也從利用混凝土的熱質、高度絕緣玻璃和帷幕牆等元素，達到低耗能概念。玻璃帷幕立面也設計得在某些特定點上，能於夜間打開，有利於自然通風。

玻璃帷幕立面也設計成：在某些特定點上，能於夜間打開。這有利於自然通風，在夏季的晚上進行冷卻，因此減少空調需求，進而不耗電。在冬季，立面的角度性以及巨大的玻璃元素，有效支援被動性的能源發電。另外，建築戶外的其他平坦表面也全都作為綠地，這也能有效進行雨水儲存。特別是在夏季，因為雨水的緩慢蒸發，則有效作為建築的隔熱冷卻系統。

依然難上加難？

屋頂建築之所以成了維也納的常態，建築師說，是因為這裡的居民仍然有著在這城市裡生活和工作的巨大需求。加上城市也有著一定的政治承諾，市內的密集化也因此受當局的支持。「當然，最大的限制還是：維也納市乃聯合國教科文組織列為世界遺產的城市之一。此外，在現有建築物屋頂上進行建設工程，將涉及到結構和技術方面的元素，進而產生更大的挑戰性。」

像這項計畫，單單是設計立面

Nibelungengasse可說是最新的屋頂建築發展，連屋主都還沒有入夥呢。

上起伏的「翅膀」，還有每樓層空間上的變化——這裡的住宅空間面積從70至370平方公尺不等——都需要數以百計的細節。而且本來，在現有建築物上搭建，就有超多的規則需要遵守。因此，建設上所面臨的挑戰便是：如何與現有建築作結合的同時，有效讓新的開放式計畫的潛力有所發揮。也就是為什麼Lainer會選擇極致輕盈的建材進行大部分的工程，不管是鋪陳地板的輕質混凝土，還是內置鋼架，再與鋁包裹製成的「翅膀」。

　　但屋頂建築的申請過程，依然是在他心中最難忘的時刻，他承認說：「在當局接受我們的建議時，那的確是一項偉大的成就！」

　　維也納需要更多屋頂建築已經是毋庸置疑的現況。但建築師卻認為，與其茫然地進行加蓋，屋頂建築更應該要有環保功能，特別是在永續方面，同時也需要能種植／植被的可能性，這樣才能一箭雙雕，不再僅僅是一件單純的屋頂計畫。

新舊屋頂的協和曲
Bondi Penthouse

1-12

屋頂上的現代化空中閣樓，以無框玻璃天窗為天然照明系統，原有建築牆體變成屋頂露台的扶手，不僅仍保有絕佳的海灘景致，且讓老建築重獲新生。

地　　　點	澳洲‧雪梨
竣　　　工	2010年
建築師／事務所	MPR Design Group Pty Ltd

　　坐落在澳大利亞雪梨城中最著名的Bondi海灘，建立自上世紀20年代的Campbell Parade區公寓樓，可說是這裡最顯赫的標誌性建築。而擁有這建築群其中兩棟樓的業主，也同時是這裡的住戶之一。有一天，當他在尋找地方曬衣服的時候，便隨手打開往屋頂的通口，望了一望，竟然發現讓他為之興奮的事情——一個完美、無物的平坦屋頂。

　　而他這一小小的發現，卻成了接下來進行的建築大工程的導火線。為了讓這古老建築重新獲得新生，並且在屋頂上立起一棟現代化的空中閣樓，建築師Kevin Ng（曾為Brian Myerson建築事務所一員，如今則融入了MPRDG建築事務所）解釋說，這一項工程還確實遇上了超幸運的時機才湊和成功。

（左）被屋主發現的完美、無物的平坦屋頂,（右）成品為一棟現代化的空中閣樓。

隱藏式新概念

　　或許,這個屋頂建築新結構最讓人敬佩的地方,除了它高高地凌駕於現有建築上這點以外,就是無法從街道直視到它的存在,因為建築的高度,恰恰與原有建築立面上的矮護牆相等。

　　Kevin解釋說:「我們一開始就希望這棟建築能明顯地與舊建築有所區別。但當我們與當局的文物官員會面時,他說:『我們不希望看到這座建築物。不管你用什麼方式打造,我們就是不希望看到它。』」這驅使他們最終決定,讓建築位

位於南面的長型走廊，連接了臥室和起居室，而一旁的5公尺無框玻璃天窗，成為室內深處空間的天然照明系統，同時也提高了房與房之間的流動性。

置往後退，也因此騰出了作為露台的空間，而原有建築的牆體也正好自然地形成屋頂露台的扶手，屋主最終在這裡有著面海的無限 View。

當然讓整棟建築以白色金屬包層而完工，也是為了滿足這項「隱身之道」。因為屋主同時也是這項計畫的承包商、

開發商以及經理，擁有豐富經驗的他，亦同意建築師的決定，覺得白色金屬包層可作為建築的主要材質，但卻需要以新的方式來呈現。

這個白色純淨的金屬包層雖然輕盈，但為了與原有的磚石建築物形成強烈的視覺對比，建築師選擇了以不規則角度的焊接模式來打造。希望以正式的前衛手法，讓「新」元素與「舊」空間進行碰撞，產生燦爛火花。但他卻沒想到，這竟然成為設計中最考究的部分。

「這棟建築有很多的角度。」Kevin說。「這就是我們讓新建築脫穎而出的概念。從天花板到推拉門，壁爐到廚房料理台，都是有角度的，不但在形狀上，連立面上也有角度上的考究。」這元素的無所不在，讓施工和建構皆充滿著挑戰性。而成果呢，特別是像一塊塊拼接起來的拼圖天花板，卻有賴於建築外圍原料被向內拉，才得以產生有趣的角度與美學風格，還減少原料的浪費。

值得一提的是，因為屋主對於建造過程非常瞭解，所以從一開始就可說是設計團隊的一分子，能夠與建築師解決細節上的問題，並一起進行設計性的決策。在這情況下，他亦邀請了一班專業團隊來相助，他們都曾任職於他早前工作的

預製好的旋轉樓梯，用起重機吊下。

88

新建築坐落在澳大利亞雪梨城中最著名的 Bondi 海灘，建立自上世紀 20 年代的 Campbell Parade 區公寓，可說是這裡最顯赫的標誌性建築。（最下排中間行）而原有建築的結構上本來就有缺陷，卻藉這新工程獲得修復。

建築內有很多的角度，從天花板到推拉門，壁爐到廚房料理台，都是有角度的，不但在形狀上，連立面上也有角度上的考究。

顧問團隊。而建築師所面臨的困難之處，也在這些鋼鐵／金屬包層／視窗製造者、木工、瓦工、電工的登場，而有效解決「最細節性」的部分，連這些「顧問」都對他們自己的成品感到自豪。其中，最出色的工頭還因為他的專業技能、經驗和遠見，讓建築師們都讚不絕口呢。

永續發展性

當初被屋主發現的屋頂通口，如今則被建築師用作為螺旋樓梯的設置，而新建築的後部也安裝上電梯，作為比較直接的入口。其他的空間設置則圍繞這兩個元素作安排。

在迎合了「隱身」的元素後，開放式的起居空間立即與寬度達3公尺的露台形成一體。而因為其南面和北面皆採用了玻璃幕牆，進而帶來大量的自然採光。同樣位於南面的長

當初被屋主發現的屋頂通口，如今則被建築師用作為螺旋樓梯的設置。

型走廊，連接了臥室和起居室；而一旁的5公尺無框玻璃天窗，則成為室內深處空間的天然照明系統，同時也提高了房與房之間的流動性。套房式臥室則並列於建築北面，讓其擁有絕佳的海灘景致。

至於自然通風方面，溫風首先會通過底層的可調節玻璃百葉窗，然後經由內／外的小型水池進行冷卻。另外一個圓

形天窗，則安置在螺旋樓梯的上方，有效讓光線達至底層。而所謂的「服務區」，包括廚房、料理台和洗衣區則作為空間的緩衝。輕量級的鋼結構中則其實還內置了絕緣填充，達到保暖功效。而外觀牆面也有著雙層的防火特質，為建築圍護增加額外保障。

公共和文化效益

這個新建築的成功打造，不但滿足了一個家庭的必需，也納入了戶外空間。這在 Bondi 沙灘區域中，是幾乎不存在的設計。更何況建築師還稱，在這個獨特的建造過程，還有效提升了現有建築的素質。這又怎麼說呢？

「當我們在為這個建案探索基本建築主張，該如何在擁有歷史性的建築上增添新意，並絲毫不奪取原有風采時，意外地發現，這棟新屋頂建築的出售，卻提供了改善現有建築的資金，這亦讓這裡其他長期住戶多了一份慰籍。」Kevin 解釋道。這裡除了有新屋頂建築，原有建築的外部立面亦獲得修復，而其他如街邊遮陽篷、共同入口處、車庫，以及後方公寓陽台，都是全新的建設。「當然，我們更希望這個案例能成為範本，展現出這類計畫的可能性。」

回望這個美麗、現代的新屋頂建築，竣工後靜靜地佇立在老建築之上，它絲毫沒有占領的意味，也沒有失去雪梨最佳的海灘 View。這一個建築師與開發商共同實現的設計，在達到延續現有建築的壽命之際，亦有利於所有的參與者，創造的是一首「新」與「舊」屋主的雙贏協和曲！

屋頂建築新意

辦公之用

展翅翱翔的屋頂
Rooftop Remodeling Falkestrasse

無數個鋼鐵支架、開放式透明大玻璃，構成封閉、折疊或者平行的表面，得以有效控制採光，為視線提供了張合。

地　　　　點	奧地利・維也納
動　　　　工	1983年（設計），1987年（施工）
竣　　　　工	1988年
基 地 面 積	400平方公尺
建築師／事務所	Coop Himmelb(l)au
計 劃 建 築 師	Franz Sam

擴建結構像要從屋頂滑下來一樣，形成強烈的動感和懸念。因此也有「滑落屋頂」之稱。

「當我們談到鷹，其他人想到鳥，然而我們談論的是展翅翱翔的空間。」

坐落在維也納城市公園不遠的Falkestrasse街上，有著解構主義團隊Coop Himmelb(l)au的成名作——律師事務所「Schuppich, Sporn, Winischhofer, Schuppich」的屋頂辦公室擴建。但由於築地位於離地高21公尺，倘若不特別昂頭觀望，這一建築還是很容易就被忽略掉。其結構一角，悄悄地從建築邊緣突出，看似隻正在覓食的老鷹。而巧合的是，這建築所屬的街道的名字，竟然也意為「老鷹街」。因此，最後成果確實不難勾起鳥和翅膀之類的印象。但如建築師們說的，外形乃其次，內在空間才是設計所在。

建築設計圖

解構「藍天組」

　　解構主義在近期比較讓人熟悉的，或許就是在大陸露頭的北京中央電視台新樓（OMA），以及廣州新歌劇院（Zaha Hadid），但可以說是這建築主義始祖的Coop Himmelb(l)au——藍天組，其實從上世紀80年代起，就已經開始推出

置身於會議室，就仿如在《變形金剛》的駕駛艙中。

一個又一個驚世駭俗的作品。特別是作為該建築事務所的大本營維也納裡，自然不乏他們的手筆。值得一提的是，Falkestrasse擴建還是他們的處女作呢！因此藍天組的一夜成名，可說是建築史中讓人津津樂道的逸事。

但有別於他們的前衛建築，創辦人Wolf D. Prix和Helmut Swiczinsky卻似乎低調得很。至今仍沒有被套上「明星設計師」光環的他們，鮮少露面於大眾媒體，就算近期推出過最大型的計畫BMW Welt時，也不見他們大勢宣傳，全省走透透。或許成名對他們來說，比建築設計本身來的不重要，特別是他們還曾說過：「建築必須要紅火得嘛嘛響。」就足以看出這點。

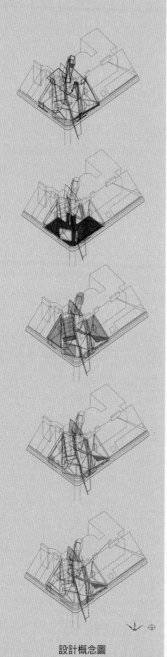

設計概念圖

角落、屋頂大改造

　　Falkestrasse屋頂辦公室的擴建工程，是易於描述的：業主要求把頂樓，占400平方公尺的屋頂空間轉變成辦公室，其中也需要包括一個會議室。當時，位於建築角落的空間，就是建築師認為能將潛力最大化的地方。

　　他們最初就在草稿出現倒翻的閃電和繃緊之弓的概念。而這「弧形脊椎」則由始至終，為該建築最重要的元素，最終也成為該建築的主要支撐，以及其體態的主軸。藉著無數個直接或間接性地與這個脊椎相連著的鋼鐵支架，並加入開放式透明大玻璃，以及封閉、折疊或者平行的表面後，採光就得以有效控制著，為視線提供了張合。

　　因為這屋頂沒有懸挑、沒有塔樓，沒有比例、原料或色彩上的前後關係，反而擁有一條充滿視覺能量的線條，從街道一直延伸到屋頂的建築，從而分解了原有的頂層，使其完全開放。「我們的策略之一，就是計畫重塑建築物的兩側，讓這兩個走廊像陽台般，由一玻璃牆所分隔，並以一段樓梯領導人們從入口到屋頂花園，也給予接近會議室的機會。」

　　他們把擴建部分，設計成和主體中規中矩的學院派建築恰成對比的鋼和玻璃結構；更有甚者，擴建結構像要從屋頂滑下來一樣，形成

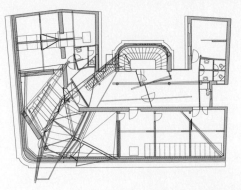

平面圖中顯示，除了主要的會議室，計畫中還包括有辦公室等基本設施。

強烈的動感和懸念。因此也有「滑落屋頂」（Falling Roof）之稱。

從外部到內部，或反之的雙向視野，也早出現在設計師的草圖中，而這一設計也為該建築空間的複雜性做出了定義。組合了不同建造體系：彷彿是一個橋梁和飛機的混合體，將空間的張力轉化為建築世界裡的現實，效果既複雜又感性。

驚動市長的建築

在他們剛出道的年代裡，如此遵循解構主義的建築概念，是難以被承認的。建築師倆回憶說：「因為該案例過於前衛和激進，根本就沒有可能獲得建築許可證，特別是當它位於歷史悠久的市中心。」於是他們去見了維也納市長。當他看到這設計時說：「這根本就不是建築！」他們問：「那不然這是什麼？」他回答說：「這是藝術。」他們面面相覷，回答道：「市長先生，我們同意你的看法，可以請您給我們書面保證嗎？」有了這個文件，他們終於得到了所有必要的施工許可證──來樹立起一項藝術品！

可見建築師倆都曾為求能建立起自己的設計，而「不擇手段」！或許因為他們的設計，往往都只是裝置性的概念，而直到出道20年後的這一擴建計畫出現，才終於被具體化，終於吐氣揚眉。也難怪應對了「一飛衝天，一鳴驚人」的名言，該建築果真也成為經典。

竣工於1988年，這一建築至今已經有近30年的歷史。如今回頭看，他們是否覺得設計的初衷已達成？

屋頂辦公室的現代設計與其他原有建築形成極大的對比，相映成趣。

　　Prix回答道:「我們創造的是一個20世紀、解決角落辦公室的新方案。今天我們都知道，該辦公室的員工都喜歡這設計，也感覺非常舒適。」他認為，雖然當初對於維也納城市的自行局限、強力守舊感到反感，因此才會進行「叛逆」的解構主義，但如今反而覺得自己（以及奧地利的建築師們），都是無意識地被維也納傳統影響著，特別是巴洛克風格。

　　「我們（維也納建築師）並不像荷蘭或瑞士的建築師般，以構圖來發展建築的技術而聞名。」他說。「我比較像波羅米尼（Francesco Borromini）。奧地利的建築是基於空間序列的。譬如阿道夫·魯斯（Adolf Loos）、弗里德里希·基斯勒（Friedrich Kiesler）、雷蒙·亞伯拉罕（Raimond Abraham）、漢斯·豪萊（Hans Hollein）。我們可能都不自覺，但潛意識裡，我們就是以這樣的手法來設計的。」

　　或許藍天組是現代「變形金剛」的工程師，雖然不是每個人都能親身在這空間中「翱翔」，但卻無阻人們對它在夜深人靜時轉變成鋼鐵飛鷹的幻想。

閃亮的鑽石屋頂
Diane von Furstenberg (DVF) Studio

Chapter 2 **2-02**

辦公之用

在頂層以鋼和玻璃帷幕搭建的水晶宮，最大限度地擁有自然採光；亦在天花板中安裝小型熱泵空調，創造一個非常有效率的空調系統。

地　　　　點	美國・紐約	
動　　　　工	2004年6月（設計），2006年2月（施工）	
竣　　　　工	2007年6月	
基 地 面 積	2790平方公尺	
建築師／事務所	Work AC	
計 畫 建 築 師	Silvia Fuster, Eckart Graeve, Michael Chirigos	

建築師最大膽的創舉就是：在頂層以鋼和玻璃帷幕搭建成兩層水晶宮，而水晶宮的一角則是一大顆的「鑽石」。

　　「我覺得我們比OMA來得詼諧。」Dan Wood自稱。畢竟他曾經在建築大師庫哈斯（Rem Koolhaas）的OMA建築事務所旗下工作過近10年時間，在成立自己的事務所Work Architecture Company時，就知道自己有多少斤兩。會如此說，應該對自己的設計風格有所自信。「我們往往會盡力採用幽默感來進行設計。」他的拍檔Amale Andraos則說。「這讓我們的作品更加令人興奮，並且讓我們陷入困境中！」你沒看錯，她說的確實是「困境」。

　　所謂的「困境」，其實都是他們「自找的麻煩」。從貝魯特充滿複雜政治元素的工程，到文化主導的大陸建設，還有最具爭議、為狗狗設計的虛擬「別墅」等，都能歸咎於他們倆在2002年創立事務所時所立下的5年計畫——即對任何委

託案都說「可以」──彷彿是現實版的《沒問題先生》(Yes Man)。

　　「我們之所以決定這麼辦，是因為想要開放性，而當初並沒有一套先入為主的『理論』可以去測試。所以我們想簡單地開始工作，讓事情自然發展。」Andraos回憶說。「而且我們那時也都剛剛從大型的、擁有強烈個性的建築事務所出來。因為曾經在同一環境太久，我們已經不清楚，究竟自己的概念是自創的，還是受他人影響。」Wood再說。

　　至少在經過這樣囫圇吞棗地工作後，他們並沒有對該計畫的設定有所後悔。況且Andraos還說，「狗狗別墅」應該是他們最引以為傲的作品之一。雖然那只是幻想的概念，卻讓他們倆對自己的設計態度有了確鑿的方向。而這5年計畫到

「鑽石」內可見一系列的「定日鏡」，主要功能是讓陽光隨著中央樓梯的角度往下延伸。

了尾聲時，他們亦成功接到了 Diane von Furstenberg（DVF）服裝品牌總部的改造工程，進而讓他們的建築事務所於業界有了立足點。

突破歷史困境

「基本上來說，Diane von Furstenberg 想要將她公司的所有事項收入在同一個屋簷下，於是這一棟6層的大樓就需要在底層有旗艦店、一個占地 5000 平方英尺的陳列室兼活動空間、一個可容納 120 人的辦公室樓層，還有她個人的辦公室和私人閣樓公寓。」建築師們說。另外該建築的地下室也需要有其他如儲存空間、布料工作坊以及更衣間等等設備。

設計這一切還不打緊，最重要的問題是，這棟坐落於紐約市 Gansevoort Market 歷史區域中的建築，乃需要「紐約地標保存委員會」的同意才可以進行任何的裝修，特別當建築

屋頂的兩層水晶宮，也同時是時尚設計師Diane von Furstenberg的住家兼辦公室。

師欲將屋頂擴建，而這一擴建計畫又是該區的首個大型裝修計畫！再加上委員會這一組人皆認為，任何建築外形的改變都得是「隱形」的。那這兩位建築師又是如何應對這困境呢？

「當時我們就辯解說，這項機會能為該區帶來新生氣。」Wood說。而確實，即便當時不少零售店面都迅速地在該區開業，許多建築物仍然用木板封住，看似有點荒蕪。而建築師們賭上的正是委員會對振興該區行情的激情，最終贏得了改造權。

鑽石屋頂環保術

回到設計的層面，建築師最大膽的創舉，或許就是在頂層以鋼和玻璃帷幕搭建的兩層水晶宮，而水晶宮的一角則是一大顆的「鑽石」。這顆「鑽石」看起來似乎中空無意義，但其實是為了最大限度地擁有自然採光，一系列的「定日鏡」被安裝在這顆「鑽石」內。主要的鏡子坐北朝南，全日

追蹤著陽光，然後把光線反映到另一面固定的鏡子；相同的角度下，總是能讓陽光隨著中央樓梯的角度往下延伸。當陽光折射入這中央樓梯中的鏡子時，便發揮了擴散的作用，將其餘的光線照射到護欄上——這個垂直鋼纜製成的結構，大量安裝了施華洛世奇的水晶玻璃方體——有助於將光線分散到每個樓層去。

加上每層樓皆設有寬廣的落地窗盡情汲引陽光，整棟建築也能因此減低照明設備的耗電。在夜間以LED燈點亮的樓梯，也比正常的照明系統消耗更少的能源。即便在陽光不足的日子裡，這些天花板鏡面和樓梯旁水晶，形成鑽石切割的幾何形狀，亦是賞心悅目，也因此這道樓梯會被稱為「stairdelier」，即樓梯和水晶燈的結合。

當然，最不簡單的，依然是頂樓的「水晶宮」。除了是整棟大樓改造後最引人矚目的焦點，這顆「鑽石」的名堂亦是：大費周章地，先在西班牙Olot城鎮以特殊鋼材建構，然後再運至紐約組裝。建築師們的這顆「鑽石」在新舊融合之中散發熠熠星光，成功襯托出DVF品牌最奢華且簡約的意象。

綠色未來主義

走出水晶宮則可見一個屋頂花園。這裡也可以說是激起建築師倆未來對「綠色」屋頂的研發和奇想。因為說到這樣的概念，相信沒有一家建築事務所比他們來的熱衷。屈指一算，他們設計過的綠色屋頂計畫，從2007年至今就總共有約7、8項。可惜的是，全都只是概念性的設計圖，畢竟如一座

「鑽石」結構中的玻璃都是從費城海軍造船廠打撈的玻璃，是獨一無二的再循環原料。

僅僅用於公園和農產品種植的大廈設計，還是有待大眾接受。

　　不過對於DVF這棟商業建築的打造，他們還是利用了許多永續元素。除了「鑽石」和「樓梯吊燈」的採光方式，他們也採用有1500英尺深的地熱井來進行採暖和冷卻。而且，考慮到樓層之間的高度較窄，建築師們亦在天花板中安裝上大量的小型熱泵空調，創造一個非常有效率的系統，有效將中央空調區域化，使員工能跟隨工作區自由進行空調的開關。另外，在建材上，建築師也盡可能使用再循環的原料。建築內的波紋玻璃天幕就是來自費城海軍造船廠的玻璃。

　　歷經3年、耗資2800萬美元的DVF總部，終於在2007年6月竣工。而DVF建築也因為改造成果的突出，被紐約地標保存委員會譽為一個「城市再利用的新模式」，成為新典範。「與其將新元素隱藏在歷史性的門面背後，」建築師們說。「我們可以說成功開啟了當代原料和裝修元素之間的對話，讓建築的過去和未來一覽無遺。」

2-03

屋頂新形態，智能辦公
Rooftop Office Dudelange

辦公之用

這棟被動式建築，透過住宅本身的構造做法，達到高效的保溫隔熱性能，並利用太陽能和家電設備的散熱，為居室提供熱源。

地　　　點　盧森堡
竣　　　工　2010年
建 築 面 積　250平方公尺
建築師／事務所　Dagli Atelier d'architecture

建築在高度上遵循了左邊住屋的延伸，另一方面，則將立方形的的屋頂建築與右邊的建築對齊。這樣的結合，同時獲得屋主和建築規則的批准。

　　剛抵達Sanichaufer這家盧森堡最大建築服務工程公司的新擴建展廳時，肯定會對該建築的地理位置多所驚訝。雖然這裡明顯地是個住宅區，但擴建的成品卻完全沒有格格不入的感覺，甚至還為該區帶來一絲現代主義的新鮮感。

　　「其實這棟建築本來就是Sanichaufer創辦人的故居。當初公司的第一座工作坊和倉庫就建在這棟建築的背後，可沿著一條小巷出入。」負責擴建案的Dagli Atelier d'architecture建築事務所負責人Mathias Eichhorn解釋道。「後來，創辦人

兼屋主搬出這棟建築，便決定將這裡改造為陳列室。但礙於建築體本身已經無法（在內需上）與公司跟進，因此創辦人便決定要採取裝修，以進行多一層樓的擴建來解決。」

而這擁有超過50年歷史的公司，自然不放過在這次的擴建中展現新科技——暖氣、空調和中央控制系統——的機會。但要將這些最先進科技融合於建築內，對於建築師而言乃小事一樁，他透露，最困難的或許還是如何打造這屋頂擴建，因為他面臨的是屋頂建設兩極化的矛盾！

矛盾形狀的結合

「屋主一開始就想要一個現代的建築，因為他需要把擴建的部分作為陳列室使用。而傳統的複折式屋頂（Mansard roof）在他的觀點裡，是無法代表一個先進公司的辦公樓的，所以先知先覺地刪掉這種屋頂樣式。」因此建築師就提出了立方形的建築，並以平面屋頂完工的設計。

但法規卻另外有所要求：複折式屋頂雖然可以在形態上有所變更，但需要與相鄰的屋頂有10～20%的相似度。因此要創造雙贏的局面，設計中就只好融合這兩種相對元素。「這是必然的狀況。」Eichhorn也承認，「因為在市區範圍內進行擴建的前提總是：需要現有建築物採納新設計。」

而最終的結果，就是建築師將類似複折屋頂的形態，在高度上遵循了左邊住屋的延伸；另一方面，則將立方形的屋頂建築與右邊的建築對齊。這樣的結合，同時獲得屋主和建築規則的批准。「知道結果的那一刻，是最艱難的時刻。」他說。

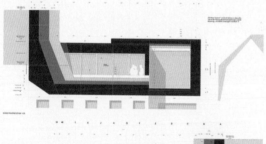

建築設計圖

追溯古代巧思

當然，這不同形態上的結合，則在漸層的顏色中達到和諧功效。如今從複折屋頂往下看，這漸層似乎創造一種動態，最後結合成平面屋頂的基礎，在視覺上，將後者包

室內裝潢也沿用了外觀上的漸層式色彩。

裹進複折屋頂之下。兩者相互交替著，而不同程度的色調則彷彿像是從立面不同部位的枝節中跳蹦出來。究竟這概念又從何而起的呢？

「這是我們長期研究的成果。」Eichhorn解釋道。「我們考察了幾種不同的建築風格——特別熱衷於辛克爾（Karl Friedrich Schinkel）和古典、新古典主義。我們發現，從哥德時期開始，就有許多建築風格在設計外觀上採用了不同層次的形式，最明顯的例子，就是哥德式教堂的門廊效果。」

他們因此決定將這風格作進一步開發。經過不同風格的分析和抽樣後，終於產生出這一種灰度模式的色澤漸層設計。形態跟隨著色澤轉變，反之亦然，像屋頂本身正進行著一個微妙的遊戲般，挑逗著觀者視覺。

智能建築技術

為了讓這屋頂辦公室塑造成Sanichaufer公司的CI（Counter Intelligence，競爭情報），不管是建築語言或能源效率，都需要有最好的表現。因此，新建築的內部全以實木

建築的後面也與員工停車場連接著。

打造。而之所以會選擇實木來代替鋼架，是因為該建築所需要達到的高標準絕緣性，徹底成為一棟被動式建築。

　　所謂的「被動式」建築，即通過住宅本身的構造做法，達到高效的保溫隔熱性能，並利用太陽能和家電設備的散熱，為居室提供熱源，減少或不使用主動供應的能源，即使需要提供其他能源，也盡量採用清潔的可再生能源。Eichhorn對於這樣的建材選擇，認為是極致環保的，他說：「如果是採用鋼架結構的話，成本將變得更高，而且也會降低能源效率標準。」

　　由於擴建建築將用來作為陳列室，最先進的供暖和空調皆安裝於此。其中包括一個中央控制單位，能以觸摸屏和iPhone的用戶介面來管理系統的控制和微調。對於該公司來說，重點不但著重於節約能源和能源效率上，他們同時也使用如太陽能和環保電力等綠色能源。

　　「幸好因為該擴建本來就與樓下的辦公室連接，因此我

復折式屋頂內其實還藏有一個小露台，讓員工有機會能出外透透氣，卻又不需要離開辦公室太遠。

們在施工期間就不斷得到公司員工的回饋。他們都對此設計感到相當興奮。而工程完成後，他們也對於新的陳列室感到無比自豪。」

要環保太容易

但盧森堡對於屋頂建築案依然還未立法成規。Eichhorn指出，也許就因為這樣的漏洞，才讓屋頂建築有機會成型。「有時，我們希望政府會承認屋頂的潛力，並允許這些被忽視的表面作更好的使用。」

雖然他似乎對目前的國家建築規則有所感嘆，但至少對屋頂建築的綠化（即環保化）還是持有正面的看法，說道：「屋頂建築其實很輕易地就能達到環保標準，因為它很容易的就能獨立於現有的建築。」

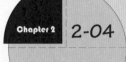

Hold得住的屋頂建築
Skyroom

屋頂結構和建材都非常輕盈、透明，再採用特別訂製的鋼結構為基礎，加上以銅網立面創造了疊柵圖騰，輕輕遮掩了周圍。

地　　　　點	英國·倫敦
動　　　　工	2010年6月
竣　　　　工	2010年9月
建 築 面 積	140平方公尺
建築師／事務所	David Kohn Architects Ltd

屋頂建築往 Tooley Street 伸出的一角。

　　坐落在倫敦 Tooley Street 的建築基金會（Architecture Foundation）大樓，在外形上本來就沒有讓人驚艷的特質。但是為了2010年的倫敦設計展，基金會總監 Sarah Ichioka 就策畫，要在此建築屋頂上打造一個展廳，希望能藉此打造一個新聚點，以配合設計展時期進行的各種講座、會議等交際活動。

　　但要進行這新計畫的前提，從一開始就被制訂出4項。首先，現有大樓的屋頂甲板，無法支撐任何額外的負載。第二，施工期只有8周。第三，預算有上限，成本只有15萬英鎊（約700萬台幣）。第四，也是最苛刻的需求，就是在品質上需要達到高度的完工，並且能承受歲月的洗禮。

　　而究竟是哪位建築師成功獲得基金會的青睞，被委託成為這稱為 Skyroom 的設計者呢？

Skyroom 在夜晚，是極好的社交聚集空間。

展廳掌門人

　　臨時展廳的設計，在英國似乎已經成為一種常態。每年夏天在倫敦 Hyde Park 立起的 Serpentine Pavilions 就是最佳的例子。而以設計展廳著稱的建築師，或許就非 David Kohn 莫屬了。自 2007 年成立建築事務所以來，他的作品，不管是藝廊還是餐廳，都是可以讓公眾盡情享受自己的空間。「我想，原因應該是非常具體的，雖然我並不知道成果會變成如此。」Kohn 回憶說。「我記得我剛成立自己的建築事務所時，接到的第一份工作便是去當老師。而當老師最偉大的事情，便是可以自由去設定課程綱要。」

　　當時，他已經在倫敦工作了 10 年，也曾經與不少非常成功的人合作過，所以他非常熱衷於嘗試做不同的事——最創新的，就是設立了一個與公共空間和其歡樂、舒適性有關的課程。第一年他和學生們進行了一些餐廳的設計，他當時也

建築師採用了特別訂製的鋼結構為基礎，再加上銅網立面，創造了疊柵圖騰，輕輕遮掩了周圍。

邀請了 Bistrothque 的 Pablo Flack 來作評論。豈知，「他竟然在6個月後對我們說：『幫我設計一家餐廳。』就這樣成了我們的第一批客戶。」他也因此走上了設計公共空間的不歸路。

「從我多年從事建築的經驗來看，這（公共空間）是極少被關注到的。」他說。「有時候，建築往往會將社交活動的樂趣給刪除，讓人無法享受空間。我認為這樣往往會引導人們過於著重製造東西的技術性和問題性，導致人們無法享受該有的樂趣。」也因此 Kohn 覺得，如果能將設計概念集中在歡愉感，那就能立即集中於人性的情感。「這樣一來，設計過程也能帶來歡愉，進而容易認識到其他人，並討論起該項設計帶來的樂趣。這是一個非常有用的方式，以容納大量群眾的參與。」

施工進行時。後方為逐漸崛起的The Shard建築。

　　因此不難理解，為何他會常常接受相同類型的委託，甚至還曾經跟10位設計師一起合作！「因為我們並非一定要做出最完美的東西，所以他們也對合作不持反對。如果你正在設計一個歡愉的公共場所，相對地，設計也需要在一個愉快的環境內進行。」他解釋。

開放的新巧思

　　他對於建築設計案的開放性，是業界中罕見的。而親臨過Skyroom的人，亦會讚嘆這是個了不起的開放式空間。類似於一個小型劇場，這個建築的比例讓它能夠一次容納60人。開放式的中庭，正巧與建造中的「The Shard」（即將成為倫敦最高塔）相對。四個較小的單位，從中庭延伸出來，創造了一個私密的環境，可作會議或休閒用途。而另外，還有一個懸臂式的陽台，於Tooley Street之上，讓人們從此能俯瞰泰晤士河與倫敦塔之間的城市全景，視野很是壯觀。

　　在建築師最早期的草圖內，Skyroom的設計概念是：希望是通過一個開放式中庭來展現出城市的景致，所以從一開始，城市的輪廓已是個重要的起點，而不僅僅只是作為室內裝潢。Kohn記得，他曾經在建築動土前的一個下午到這屋頂上，喝著啤酒，看著手中的模型，想像完成的景象，便稱那簡直就像夢幻般。

屋
頂
記

坐落在倫敦建築基金會大樓，Skyroom為在外形上本來就沒有讓人驚艷特質的原有建築上，增添了到此一遊的新巧思。

他記得說：「當時天氣真的很熱，而且天空看起來就很廣。視野非常寬。特別是逐漸崛起的 The Shard，由於它那像是教堂尖頂的形式，賣相還是相當誘人的。而且你已經可以預測它頂端的所在處……它與一般大廈不同的是：我們不需要等到它完成，就知道塔頂在哪。所以，當我們設計 Skyroom 時，便刻意將塔頂景觀納入考慮的元素之一。」

8周迅速現型

但這屋頂如薄冰的厚度，確實讓建築師感到驚訝。因此在結構和建材上，就需要非常輕盈、乃至透明的選擇。最終，Kohn 採用了特別訂製的鋼結構為基礎，再加上銅網立面，創造了疊柵（moiré）圖騰，輕輕遮掩了周圍。地板則是以落葉松木條，墊襯在 6 件四氟乙烯（ETFE，乃當初由美國宇航局發明，以在月球上建立起建築的外殼材料）上。另外，結構中還特別植入了防曬的銀色圓點，這猶如布料質感，則成為整個屋頂外殼包裹用的織物。

百葉隔牆後種植的多花紫樹，將因為建築被Hold住多一年的時間，有效將此屋頂化作全新的根植地。

至於白色的粉刷，則像極了在空中繪圖般，刻畫出整個建築的範圍。建築師也不忘在南面的百葉隔牆後種植多花紫樹。他認為，這些樹木長大後，便會催生出鮮艷的大紅色葉片，進而將為此屋頂化作全新的根植地，也證明大自然能在屋頂尋獲新生。

回想到當初，不曉得Kohn在設計這即將作為同行所使用的建築時，是否會有恐懼感呢？

「我想，這種『好像會被大量勘查』的感覺，肯定是會有的。不單只是在建築整體，在細節方面亦然。」他坦白說。「但如果瞭解到，建築師們基本上都患有這樣的職業病的時候，進行這個設計案也就跟進行其他設計案沒有什麼不一樣。但我不知不覺地一定會意識到人們在討論該設計，所以我認為，與其注重整體，不如做好細節才比較實際。」他解釋道，再次證明「魔鬼在細節裡」的重要性。

而這8周的迅速建設成品，雖然原為臨時展廳，但因為廣獲好評，即使設計周結束了，還依然得以Hold住多一年。該建築未來會如何，沒有人知道，但Kohn確實為了人們的歡愉，搞得屋頂建築也能有讓人醉心不已的能耐，確實「北拜」（不錯）。

屋頂建築新意

Chapter 3

休閒之用

只應天上有的，戲院
Rooftop Cinema

使用再循環紅柳桉木來覆蓋整個屋頂，「智能草地」質感如
真的草皮般，卻不需要任何水分，減少了額外開銷。

地　　　點	澳洲・墨爾本
建築師／事務所	Grant Amon Architects Pty Ltd
行 銷 & 電 影	Hunter, One Productions audio + visual

　　「這其實是我從紐約盜用的概念。」墨爾本Rooftop Cinema（屋頂電影院）創辦人Barrie Barton不愧地說。「不過，紐約當地的電影院是在每一晚設立於不同屋頂的概念，而我主張的方式卻是：有效讓墨爾本城市內的孩子見識到，所謂汽車電影院究竟是怎麼一回事。至少這裡會少了蚊子。」他笑說。

　　像墨爾本這樣的城市——或許，嚴格來說應該是「大都會」——每一天的每一秒都會有新鮮事物發生、有新景致的崛起。你可以輕鬆地到城外度假一個星期，然後一回到這裡卻會發現，有新的酒吧、商店或者樂團崛起；而上個月的「潮物」則在這段期間到達了賞味期限。因此才會有像Barton這一類的「潮流中人」。

　　潮人辦潮點，自然是理所當然的事，他不但在2006年12月創立了屋頂電影院，本人還是獨立出版人，2004年所推出的「ThreeThousand.com.au」，就是跟緊墨爾本新潮物的網

乍看以為是平凡的酒吧，這裡其實到了夜晚則會成為戶外戲院。

誌，在隨後的6年內更是擴展到澳洲另外5大城市。而且目前他也只年僅三十幾而已！

最酷娛樂設施

但一向活躍於電子媒體的他，卻為何決定開始經營電影院呢？「在數位的世界裡，我們能做到的還是有其局限的——它讓另外的三種感官被忽略掉。因為網路上的關係往往都不深，因此人類的互動仍然是重要的。」他解釋道。

「我認為，我們開發的店面和試驗性廣告，是我們網誌於現實世界裡所作的延展。在墨爾本，屋頂電影院就是『ThreeThousand.com.au』的現實版；在雪梨，到The Pond餐廳用餐的人則會留意到這裡與『TwoThousand.com.au』相同的幽默感和調調。」（註：TwoThousand.com.au顧名思義，是屋頂電影院的姐妹網站。）之所以會選擇電影院作為跨界

來自環境的光線很少，因此影院不受光害影響，而且還因為高樓作背景，增添了額外的視覺享受。

之作，或許與這位創辦人背景中曾擔任Moonlight Cinema的行銷總監有關吧。

　　這家已經受著名設計雜誌《Wallpaper》評選為世界最酷的娛樂體驗之一的屋頂電影院，坐落在極致古老、擁有90年歷史的Curtin House建築上。即使每年只在夏天（即11月到3月）的晚上才開放，卻依然成為城中的熱門聚點。露天的大型電影院雖然只能容納近200人次，但卻絲毫無減室內電影院的氛圍。播放的影片之多元，從藝術片、經典老片到新電影，同樣讓影迷們看得如癡如醉。不經意地，第一年的營業就迎接了近1萬2千名人次的到場！

　　屋頂電影院的開業，亦在暑假期間為當地居民與旅客提供了更多元的城內娛樂選擇。同時，電影院內的餐廳、酒吧和咖啡館，也藉此銷售了更多的本地食品和飲料，為墨爾本的藝術和文化展現出推廣的機會。

建築師Grant Amon的設計保持得相當簡單,使用現有的建築結構為靈感來源。建築物後方的原始性和工業元素,啟發他使用本地生產的再循環紅柳桉木來覆蓋整個屋頂。

智能性簡單美

被Barton找來設計電影院的建築師Grant Amon,對於屋頂的利用本來就叫好。「在設計方面,我們將它保持得相當簡單,使用現有的建築結構為靈感來源。」他說。這棟建築物後方的原始性和工業元素,啟發他使用價格合理、本地生產的再循環紅柳桉木,來覆蓋整個屋頂。這實木打造的甲板平台,有效保護屋頂和影院的各項服務設施。

另外值得提起的是,Amon特別下功夫找來的「智能草

電影院的售票處

地」——每一片草葉都個別內置鐵線,以達到最佳的回彈力,達到如真的草皮般的質感,更不需要任何水分來維持,減少了額外開銷。

　　比起在屋頂上建立起新住宅,Amon在工程上似乎有著比較輕鬆的時刻。雖然他提起,物流的搬運大多數得從底層用起重機吊上來,並且還有,得考慮到其他如酒吧和廁所的空間塑造、現有服務的連接方式、屋頂區的防水材料,以及酒吧區的座位配置法等等的空間規畫——這些都不是什麼鮮為人見的建築問題,都乃預料之事。

　　但他最幸運的地方,反而是來自墨爾本的建築條例上。他說:「墨爾本市議會對這個屋頂電影院的概念,給予了全面支持,並且仔細檢查所有建築、工程和規畫法規後,計畫

屋頂電影院的開業，在暑假期間為當地居民與旅客提供了更多樣的城內娛樂選擇。

就開始動工了。建築條例似乎沒有對建築計畫形成太大的困擾。」

　　當然，在大城市中辦開放式電影院，難道不會受光害影響嗎？「這裡其實很少有來自環境的光線，所以我們可以說是受上天的保佑。」Barton說。這屋頂電影院在他的眼中，與傳統室內電影院最大差別，就是那無法媲美的、被高樓大廈包圍著的氣氛。他認為，當影迷到此欣賞如《Lost in Translation》（愛情不用翻譯）或《Blade Runner》（銀翼殺手）這樣的電影時，便會在整個城市的絢麗夜景襯托下，心境昇華到另一種享受的境界。

　　「真的，感受會更加深刻。」他下結論說。

售票亭的屋頂新生
TKTS Booth

世界上最複雜亦最先進的玻璃結構建築，以地熱為基礎的加熱和冷卻技術，讓夏天涼爽冬季無冰。地熱井中的空氣處理系統，亦可改善室內空氣。

地　　　　點	美國・紐約
竣　　　　工	2008年
概 念 設 計	Choi Ropiha
建 築 師	Perkins Eastman

改造前的TKTS售票亭，看似施工中的建築基地。

來到紐約的時代廣場，在人山人海、霓虹標誌廣告牌的爭奇鬥艷下，惟獨這一棟建築能脫穎而出，絲毫沒有被其他的吸睛技倆給比下去。特別是到了夜晚，當它那結構的內部發出鮮紅色的光，讓整個建築籠罩在一股波光粼粼的氛圍中，彷彿就像這個不夜城的心臟，不斷為川流不息的人群帶來新鮮的氧氣。

而具體上來說，這個新的TKTS（Tickets的縮寫）售票亭改造後，已經成為眾人在這個繁忙都會中停下腳步來歇息、以及感受時代廣場視覺澎湃的地方。其玻璃及結構確實是充滿前瞻性的巧妙構思，竣工後亦成為城市新地標。而功臣之一，卻意外地來自世界另一角──澳洲的建築師John Choi和Tai Rohipa。

TKTS建築的最大特色是：一個擁有27階踏步的高度，能容納超過500人的座位空間。

小規模的大巧思

　　TKTS售票亭的歷史可以追溯回到1973年，一個售出百老匯所有劇場當天上映的折扣門票的銷售處。當時它還是個非常簡陋的「棚子」，坐落在紐約時代廣場的北端，一個名叫Father Duffy的三角形小廣場上，正對著第一次世界大戰的英雄之父Francis P. Duffy的雕塑。

　　為了這廣場的重建，以創造全新的時代廣場，紐約市首先在1999年，以一個堪稱為紐約城歷史上最大的設計競賽開

在人山人海、霓虹標誌廣告牌的時代廣場裡，惟獨這一棟建築的鮮紅色澤讓TKTS建築脫穎而出。

啟，希望能藉設計的力量，將此地變得更受歡迎。這個比賽一共收到來自31個國家的683個參賽作品。而比賽的規則極致簡單——當局要求的只是一個小規模的建築結構，以取代現有的售票廳。

但對於John Choi和Tai Rohipa（所組成的建築事務所為Choi Ropiha）來說，這小小的要求卻激發他們將這問題重新構造，將之拓展成為一個更廣泛的城市設計，好讓時代廣場的中央能被振興起來。他們說：「我們希望，TKTS售票亭能夠成為一個受歡迎的聚集場所，和持久性的時代廣場的新標誌。」

將其設計為一個紐約市的人流主要聚集點，且是備受矚目的城市劇院，既包含了字面上的意義，又包含了隱喻性的涵義。時代廣場沒有真正供人們觀看表演的作為，沒有任何極好的標誌，沒有宣傳海報，好像一個沒有席位的劇院。兩位建築師的方案的成功之處就在於：融入了城市設計的理念，不但讓他們贏得了比賽，還在2007年榮獲紐約藝術委員會獎（New York Art Commission Award）優秀設計獎。

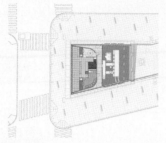
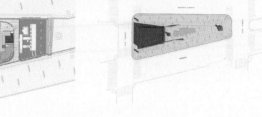

建築平面圖

高科技的設置

　　在比賽揭曉的兩年後，真正進行計畫開發與執行的建築師，則交給了 Perkins Eastman 來評估。受原有概念所啟發，他們制定了幾種進行手法，最終決定採用21世紀最獨特的原料——玻璃來完工。他們將 TKTS 售票亭分為「預製的階梯狀紅色半透明玻璃展台」和「位於展台之下的售票處」這兩部分的組建。成為建築最大特色的前者，是一個擁有27階踏步的高度，能容納超過500人的座位空間。而為了使這一形態更加有力，層疊的階梯底部內置了紅色LED，點亮時，利用夜晚放射出溫暖的光芒，讓時代廣場擁有更強烈的視覺表現力。

　　這階梯的建材採用了特別在奧地利訂製的玻璃，擁有三疊層熱強化。玻璃階梯亦被設計得可拆卸，以進行照明系統的維修。階梯的最高處藉由一個大型的懸臂式簷篷來連接，長度剛好能覆

施工進行時

建築正立面。每天這裡的長龍都是來購買百老匯所有劇場當天上映的折扣門票。

蓋並保護購票者。這是25條玻璃縱梁,每條28英尺長,橫跨兩邊的玻璃牆面。該桁梁則由三個雙夾層的部分組成,並以「剪接交錯」原則排列,有效將強度和透明度最大化,從而大量地減少不銹鋼連接體的使用。

除此之外,TKTS的結構截至目前為止,可說是世界上最複雜亦最先進的玻璃結構建築。別小看它其實大約只有一層樓高,然而整個照明和機械系統都採用了尖端技術。最貼心的是當中建有五口地熱井(geothermal well),承載著水和乙二醇的混合劑,不間斷地從450英尺的地底下循環到地面上的熱交換器。

如此獨特的以地熱為基礎的加熱和冷卻技術,有效讓整個階梯在夏天讓人感覺涼爽,而冬天則保持樓梯溫暖的無冰狀態,讓這裡成為常年的旅遊熱點。地熱井中亦支撐所有內部結構的空氣處理單位,這一空氣處理系統,包括高效率的過濾,以改善室內空氣質量,讓售票人員工作效率不受影

建築中獨特的加熱和冷卻技術,有效讓整個階梯在夏天讓人感覺涼爽,而冬天則保持樓梯溫暖的無冰狀態,讓這裡常年成為旅遊熱點。

響,亦有效保持售票廳的清潔,減少塵埃囤積。

　　雖然建築形態喚起了微妙優雅感,但令人讚嘆無比、極致嘩然的設計和施工,在建築師的眼中,卻是極為複雜的。特別是要在這個交通極度擁擠的時代廣場內進行施工,連他們都稱之為惡夢。因此,為了舒緩該案例上的任何潛在不便,並加快施工速度,結構中的機械系統以及整體結構,全都為預製組件,能在幾個小時內進行安裝。

竣工後的超人氣

　　TKTS在2008年竣工後,Duffy廣場所重獲的新生,從此讓遊客也擁有一個與燈光相匹配的公共活動空間,讓這時代廣場的新標誌充滿魔力和神奇。就算世界經濟處於低迷狀態,紐約每年仍吸引了成千上萬的世界公民到訪,為這個城市塑造出永遠高標的超人氣,而TKTS也確實功不可沒。

3-03

休閒之用

彩虹下凡，帶感官去散步
Your Rainbow Panorama

屋頂覆蓋上環保黃色巴勞木，作為咖啡廳、
室外娛樂區兼陽台。環形「彩虹全景」則是
如天橋、亦如觀景台的設置。

地　　　點	丹麥·歐胡斯
建築師／事務所	Olafur Eliasson

漂浮在這屋頂的4公尺高之上，「你的彩虹全
景」像懸在城市與天空之間的彩虹。

首先，他在倫敦創造了一個太陽。

然後，他在紐約創造了一座瀑布。

現在，他又給丹麥創造了一道彩虹。

　　時常描述自己為「現象生產者」的丹麥
藝術家Olafur Eliasson，在「Your Rainbow
Panorama」（你的彩虹全景）作品中，複製
了自然界的彩虹現象，並將之化作全長150
公尺、寬3公尺，由全色系光譜組成的環
形空間。位於丹麥的阿羅斯歐胡斯美術館
（ARoS Aarhus Kunst Museum）屋頂上，這
空間直徑52公尺，並有一部分跳出美術館
的邊緣，充斥一絲的驚險性，挑戰著觀者
的心理——但究竟這是件藝術作品？還是該
稱之為建築呢？

繾綣雲上與城市間

　　當然，在進入如此學術性的話題時，自然得先細看，以體會這空間的巧思。從電梯（或樓梯）抵達美術館的最頂樓，占地約1500平方公尺的屋頂如今已覆蓋上FSC認證的環保黃色巴勞木，讓這原本「無用」的平台成為了一個獨特的咖啡廳、室外娛樂區兼陽台。而「你的彩虹全景」，則漂浮在這屋頂的4公尺高之上，像懸在城市與天空之間的彩虹。然後沿著樓梯往上爬，便能進入這如天橋、亦如觀景台的設置。

　　整個結構以12根柱子支撐，安置在屋頂陽台表面下的負載分配鋼架上。這鋼架則有四處連接著美術館的建築上，為求抵抗風壓，使整個結構穩固。作為永久性的設置，需要常年四季都能迎賓，「你的彩虹全景」也擁有自然通風的功能，因為地板和天花板都內置了小型的通風控制系統，因此能抵擋炎熱天氣，亦經得起任何震動。屋頂陽台可容納290人，

「你的彩虹全景」讓城市的不同景色有了全新的色彩，有助於發展出建築和視覺藝術之間的全新瞭解。

而展覽空間則可容納150人。

　　採用了承重中度層壓玻璃製成，當中每一種顏色的呈現，皆來自兩塊12毫米的玻璃層中插入的彩色摺紙。在經由「熱增強」的夾層處理後，色彩則永久被包裹起來，在反射出彩虹的所有色彩之際，也不會因日曬而退色。雖然「戴上有色眼鏡」是有其貶義，但是，這回慢慢遊走於賦予色彩的空間內，遠眺各個不同的城中地點，卻提供了讓人意想不到的觀景體驗。

藝術v.s.建築

　　當代藝術與建築其實早有著共生的關係。它們會彼此對話、重疊，甚至相互依存，就如宗教藉由教堂、寺廟和清真寺傳遞信仰體系，而政府則通過立碑來表現力量，藝術也常

常通過建築來融入日常生活。因此藝術家有時會應用建築技巧——同樣地，建築師也會創造藝術品——進而讓他們的設計案列入了學術性的規範內，以參與更廣的美學語言。「藍天組」（Coop Himmelb(l)au）建築事務所的 Wolf Prix，就曾在2008年的威尼斯雙年展說過：「如果一位建築師並不想以他的設計改變世界或社會，那他永遠將只是個建築工人。」

　　2007年，當 Eliasson 最終贏得這棟屋頂建築設計競賽後，評審團亦表示他們的決定乃完全一致，宣稱：「該設計優雅地滿足了競賽的目的，也就是將屋頂表面轉換成一個獨特的藝術和建築元素。該設計創造了一個非常美麗的、詩意的空間，並將城市全景和獨特藝術性的建築層面進行了結合，同時有助於發展出建築和視覺藝術之間的全新瞭解。與此同時，也為 ARoS 和歐胡斯市創造和創立了一個強而有力的形象。」

歐胡斯的新地標

　　當藝術與建築進行融合，結果可能會是超自然的。特別是，「你的彩虹全景」也同時為該博物館的建築設計初衷畫下了完美句點。原有的建築概念來自於文藝復興時期詩人但丁的故事《神曲》，這是個關於地獄中的9個階層、

Elevator
Lift

「你的彩虹全景」是全年無休的「自然現象」，
到了夜晚更是燦爛得耀眼。

以及從煉獄山往天堂之旅的故事。在ARoS的這項展覽中，
建築內的地下室就分成9間客房，代表地獄；隨後人們通過
的畫廊則為煉獄山；最後到達屋頂上的彩虹全景，則是有天
堂的完美象徵。

　　Eliasson自稱，「你的彩虹全景」建立了一個與現有架構
之間的對話，加強了已經存在的，也就是整個城市的景致。
「我所創造的這個空間，幾乎可以說是刪除了內部與外部
之間的界線──這個地方，你將會面臨一個有點不確定的狀
態：究竟你是否在鑒賞一件藝術作品，還是成為博物館的一
部分？這種不確定性對我很重要，因為它鼓勵人們去思考和
感覺那些超出他們所習慣的限制。」

　　最終人們該怎麼看待這屋頂的空間？每個人的詮釋方式
或許有別，但不管它是件藝術還是建築，最為享受的永遠是
感官。

居酒屋「升」華版
Nomiya

外形試圖創造一個通風、透明、浮動的整體
印象，內部則採取了極簡的設計，也遵循了
居酒屋的「小而美」精髓。

地　　　　點	法國・巴黎
竣　　　　工	2009年
建 築 面 積	63平方公尺
建築師／事務所	Laurent Grasso & Pascal Grasso

人們可以用很多字眼來形容巴黎的東京宮當代藝術中
心（Palais de Tokyo）屋頂上的Nomiya——藝術、裝置、餐
廳，乃至旅遊景點。而確實，這空間含有「麻雀雖小、五臟
俱全」的特質，要一時將之定義並非易事，但說Nomiya是
「屋頂建築」，則絕對是無可否認的事實。

巴黎人對於東京宮屋頂上設立新建築的方式並不陌生。
早在2007年11月，其屋頂就被Hotel Everland酒店給「暫
住」。彷如真實版的《霍爾的移動城堡》，這臨時酒店也在
翌年揮別了巴黎，讓全新的Nomiya代替。而這次的建築在
美學上，一開始就讓人叵測其功能。它日間尋常地如貨櫃似
地，靜止不動；到了夜幕低垂，卻在空中擴散著紫色光芒，
如浮幽般蓄勢待發，視覺感叫人直呼震撼。

不管到訪Nomiya的目的是什麼，當透過全玻璃製的結構看見塞納河畔和巴黎鐵塔的全景時，就足夠值回票價。

居酒屋美景

　　Nomiya的開發概念如其名，來自日本的居酒屋，因此該空間的主要功能，是一個讓12個人共進晚餐的地方。但不管到訪者的目的是什麼，當透過全玻璃製的結構看見塞納河畔和巴黎鐵塔的全景時，就足夠值回票價。而如果是選擇在晚上到此的話，則能體驗到另一層面的氛圍：位於空間中央的部分，建築師採用了穿孔式金屬立面，並藉著內置的LED照明系統讓色彩不斷的變化中，就彷彿置身在微型的北極光內，很是迷幻。

　　「我們試圖創造一個通風、透明、浮動的整體印象。」負責這項建築概念的藝術家Laurent Grasso說。他和建築

師兄弟Pascal Grasso一同打造的這個結構，長18公尺，寬4公尺，高3.5公尺，重22噸。所有組建乃預製於法國北部的Cherbourg船廠，並在完成後分成兩個部分，一起運到巴黎，然後到了博物館後，以起重機吊上屋頂去進行安裝。物流處理上相當簡單。

而結構的內部裝潢，則是採取了極簡的設計，大部分以白色Corian傢俱和灰色木地板完工。「那些對我影響最大的人往往是藝術家，例如Donald Judd、James Turrell、Dan Flavin……」負責建築設計的Pascal說。「他們的影響可以從我設計中的簡單和極簡中看出，而事實上，我總認為輕盈是一種材質。（它所打造出的）形態和建設中總是有一種嚴格性。」

問及他們倆是否曾面臨困難時，他們都沒有否認說，每一項計畫都有其挑戰性，往往都需要很多勞力、經驗和想像力。「我們一開始先在完全沒有考慮到『這計畫的短暫性』的前提下設計，因此我們才能有效找到解決方案，以進行我們想要做的事。」Laurent說。「我們希望到訪者能在此經歷一個神奇的時刻，即便不理解該設計的技術方面，也無所謂。」

藝術新殿堂

在過去的十多年裡，Laurent Grasso 總是能採取類型各異的原料和技術，以創造出能協助大眾突破先入為主的觀念，進而超越所預期的作品。

他說：「我的基本想法，就是創造擁有強大敘事潛力的環境。我的作品總是從現實出發，而我所尋求的是，生產一種不精確的區域。因此我會採用許多不同的媒介，如影片、攝影、裝置、建築、雕塑和霓虹等來創造。」因為每一種不同的原料都擁有自己的特質，他進而有效建立起他獨有的概念，即便其目的是為了在觀者的心裡創造困惑。

這一點與坐落在巴黎、充滿歷史性的16區的東京宮非常相似。自開張以來，這一座當代藝術中心所展示的作品，往往來自各種不同風格的代表作，從抽象到極簡主義，甚至還有各式電鋸雕塑、僵屍、變形體和成衣作品等等。它在當代藝術範圍內，提供人們一種較清新、豪放的觀點。展示的作品也盡可能地從藝術家本身的角度作出發。因此，讓 Laurent Grasso 全程發揮創意的設計成果，也使得 Nomiya 自 2009 年 6 月開張以來，擁有了一票難求、座無虛席的「夯」情。

選擇在晚上到此，就彷彿置身在微型的北極光內，很是迷幻。

餐前與餐後

　　Nomiya每天在早上10點（巴黎時間）開業時，才於網站上公開其餐廳的訂位，而且時間點為一個月後。所以不管是任何人，都必須要每天於電腦前等待，並隨後體驗秒殺的過程。而這樣的臨時性餐廳，雖然聽起來很嘩眾取寵，但找來前Mac／Val當代藝術博物館的Transversal餐廳創辦人兼經理、名廚Gilles Stassart掌管菜單，則是讓餐廳擁有了值得一嘗的噱頭。況且Stassart最拿手的就是「藝術性」裝盤的菜餚，即便菜色每一天都不同（這注定無法討好挑食的人），到這裡用餐也儼然成了展覽的一部分。

　　當然，比起早前Hotel Everland的獨自享樂主義，Nomiya則算是「正式餐廳」，

中）坐落在巴黎充滿歷史性的16區的東京宮之上，日光中的Nomiya，亦像是件極簡主義的藝術品。

左右）Nomiya只有12個位子，採預約制，讓人們往往需要與另外11位陌生人共進午／晚餐。難怪這也是一種表演藝術，展現歡樂的行為。

也遵循了居酒屋的「小而美」精髓。只能用預約的12個位子（一人大約需要60-80歐元），讓人們往往需要與另外11位陌生人共進午／晚餐。難怪Laurent會說，這用餐時間也將成為一種表演藝術、一種歡樂的行為。

「我絲毫不在乎這是否被定義為一家餐廳。」他說，「創造這樣的體驗，特別是在東京宮的屋頂上，並加上其有趣的建築，和廚師的創造力──這絕對是一項藝術品。」確實，對於談及任何關於餐飲都敏感的這位法國藝術家而言，Nomiya依然是一項計畫、體驗或裝置，絕對不是建築。「我覺得建築，只是傳達這計畫的媒介。」

而這一「媒介」也在2011年4月正式結束。問及Laurent是否對這計畫的曲終有所不捨，他說：「Nomiya必定得是個臨時裝置。我相信，讓這個計畫在其他地方，以不同的形態重新被立起，才會有趣。」所幸，這概念原本就是家電品牌Electrolux的「藝術之家（Art Home）」屋頂建築系列，亦會在世界其他國家持續下去。下一攤的新餐廳目前已在德國立起。而Nomiya的功成身退，也早成為屋頂建築餐廳版的先例與新指標。

Chapter 3

3-05

休閒之用

夢一般的屋頂「食」尚

Studio East Dining

成品全數借用施工現場的材料。牆壁和地板採用再生木材，雪白呈半透明的外形覆面材料，不但百分百為綠色建材，還能回收再利用。

地點	英國．倫敦
竣工	2010年
建築面積	800平方公尺
建築師／事務所	Carmody Groarke

這棟由2007年「Building Design UK」最佳年輕設計師得主Carmody Groarke建築事務所設計的餐廳，設計成品呈放射狀，遠看像雪花，近看則會發現與眾不同的建築手法。

東倫敦正在崛起。這個曾經是倫敦較荒蕪的地域，自從被選為2012年奧運的主辦會場地之後，各類發展計畫便迅速地展開，除了有奧運的重點建築，還包括了歐洲最大購物商場Westfield Stratford City。從其名就應該知道，這一「城市」是多麼地龐大——總面積達190萬平方英尺，耗資1.45億英鎊，將容納大約300家時尚品牌的旗艦店。

對於所謂的購物商場，似乎大部分城市公民都見怪不怪。那除了面積大以外，Westfield Stratford City還有什麼特色呢？其中之一應該就是：他們成立一個名為Studio East的文化委員會，找來零售業大師Mary Portas主導，並將通過4個主要領域，贊助各行創業人士於此地作各類展出。而Studio East Dining這家餐廳就是這個工程中的首個藝術項目。

「快閃」餐廳的壯麗

比起巴黎東京宮上的Nomiya（參見第142頁），Studio East Dining的賞味期限更短，只有三個星期，僅僅2千名幸運兒有機會到訪這引人注目的「快閃」式餐廳。雖然這餐廳坐落在Westfield Stratford City仍然在施工的建築屋頂上，卻因為首次讓人們處於35公尺的半空中，窺見倫敦奧運主會場，還有一旁由Zaha Hadid設計的游泳中心，所以即使環境再簡陋，也有非常獨家的「食尚感」。

這棟由2007年「Building Design UK」最佳年輕設計師得主Carmody Groarke建築事務所（由Kevin Carmody和Andy Groarke組成）進行的設計，成品呈放射狀，遠看像雪花，近看則會發現這重達70噸的結構，乃全數借用了施工現場的材料，包括2千件腳手架板、3千5百件腳手架桿，另外也採

與外觀的雪白相比，餐廳的內在採用了再生木材建造主要牆壁和地板，塑造出占地800平方公尺的用餐空間，而且（右）還有置放了一台鋼琴，提供娛樂功能。

用了再生木材建造主要牆壁和地板，塑造出占地800平方公尺的用餐空間。另外，雪白呈半透明的外形覆面材料，則是來自工業級的熱伸縮聚乙烯，不但百分百為綠色建材，還能回收再利用。同樣地，其他建材也將在餐廳結業後，歸還給業主，絲毫沒有製造任何廢物。

半包廂式的用餐區裡，每一片「雪花瓣」皆為一張長形餐桌，雖然被分解成為幾個部分，但因為所有的空間都被連接在一起，中央還有一台鋼琴，進而打造一個公共的就餐體驗。這些空間的格局將靠地板加強眾人的印象，創造一個千鳥格的效應。

若從各方向觀看這餐廳，便會發現，這裡其實有著「沒有正面或背面」的構造——就像一個接龍遊戲——外部的陽台框起了迷人的倫敦大都市景觀，人們因此可在這環環相扣的空間裡遊走，進一步達到衣香鬢影的社交式愜意。

到了晚上，整個結構將會發光，使得室內活動的剪影和輪廓反映在牆上，創造一個在倫敦的黃昏時分裡、引人注目的天際線。「作為建築師，我們所感興趣的是，每個設計案

如何可以從自己一套獨特的情勢中發展。而這一個案中，餐廳的性格則從Bistrotheque概念中延伸出來，以打造一個獨特的用餐體驗，因為建在屋頂邊緣，奧運會場的壯麗則能一目了然。」建築師們說。

創意新格局

說到Bistrotheque，就不得不提及這個與其創辦人Pablo Flack和David Waddington畫上等號的餐廳。兩者亦為倫敦「快閃」餐廳的始祖。所謂的「快閃」即「Pop-up」──主要是指臨時性的鋪位，供零售商在比較短的時間內（若干星期）推銷其品牌，抓住一些季節性的消費者。而這原本在時尚業中常見的行銷模式卻被他們「借」了過來，成功打造出至今最讓人津津樂道的餐廳概念。

他們倆負責過的「快閃」餐廳還不少，值得提起的是2006年的The Reindeer，預料之外地，在營業期僅僅23天內就賺進了7位數的盈利，堪稱奇蹟！《星期日泰晤士報》還

坐落在歐洲最大購物商場Westfield Stratford City的屋頂之上，不遠處就是2012年奧運的主辦會場地。

稱：「他們重新創造了外出用餐的模式，以配合新一代的風格和能量。」

　　而自他們與 Carmody Groarke 合作過餐廳 The Double Club 後，便一直探討並尋求下一個合作方案。先前，他們皆共同設計了不少臨時的藝術／娛樂場所，包括適逢2008年的倫敦建築節，建於大英博物館內的 The Skywalk 臨時展廳。而多次的密切合作，Carmody Groarke 倆人更是發展出一種形式和內部安排，有效提供「用餐體驗」以及「廚房所需」這兩大服務。因此來到了這次可容納120位客人的 Studio East Dining，Carmody Groarke 更似乎以不費吹灰之力，便幻化出雅致的建築美感。

　　「當 Westfield 委託我們，說要在其 Stratford City 施工築地的建築屋頂上設計一些東西的時候，我們立即認為 Carmody Groarke 將會是絕佳的合作夥伴，並決定，這一個

近看的 Studio East Dining 結構，會發現這重達70噸的結構，乃全數借用了施工現場的材料，包括2千件腳手架板、3千5百件腳手架桿。

結構應該採用工地附近常見的原料。這樣一來，在賦予建築獨特設計感的同時，也與背景相當匹配，這將使得它擁有真正的標誌性。這是『快閃』類別中的勞斯萊斯。」Flack說。「而且因為位子是先到先得，因此誰都有機會預定，只要你知道時間和地點即可。這就是一種民主的獨家性。」Waddington補充說道。

　　至於菜單的部分，Bistrotheque餐廳的主廚Tom Collins依然是最佳的選擇，他說：「Studio East Dining的菜單是一組最適宜一起分享的菜餚。充滿著新鮮、現代、乾淨的風味，從清蒸鱸魚、水煮雞、蘆筍、蠶豆和海蓬子都包括在內，特別將夏季的食材作最好的應用，希望能囊括英倫夏季餐點在此凝聚。」

一場設計一場夢

　　Studio East Dining的建造，其實除了有一種「近水樓台先得月」——環看奧運會場的景觀是難買的，而且這屋頂的未來將被作為停車場後，也就沒有了餐廳的悠閑氣氛。有別於上世紀70年代酒店中的旋轉式餐廳，這裡的景致即使再壯麗，也不會簒奪用餐體驗。相反地，該形式卻會因為戶外的荒涼性，進而創造一種強烈的私密感，好像這裡是鮮為人知的祕密基地。但當這建築被拆除後，就不再遺留任何痕跡，彷彿一場夢境般綺麗。不過至少，這是一場曾經令人「飽足」的好夢……

實木疊疊樂
Metropol Parasol

Chapter 3 3-06

休閒之用

整體結構上所應用的實木組件，先以高性能聚
氨酯樹脂塗層，這樣就不怕熱曬，也能防水。
本案可能是使用黏合技術的最大型建築。

地　　　　點	英國・倫敦
動　　　　工	2004年
竣　　　　工	2011年
計 畫 建 築 師	Jürgen Mayer H., Andre Santer,
	Marta Ramírez Iglesias
建築師／事務所	J. MAYER H. Architects

走在「陽傘」上的屋頂步道，卻因為不需要任何
安全措施，讓人近距離地接觸到那嘆為觀止的建
築細節，亦能以全新視野，感受這座古城。

154

　　　　說它是建築，不如說它是童話的延伸。

　　　　那一片片如積木式的排列，彷彿是巨人所拼貼出來的蘑
菇。但這世界上最大的木造建築物，卻是一把「都市陽傘」
——Metropol Parasol——是建築師 J. Mayer H. 在參觀了西班
牙塞爾維亞（Seville）的教堂後所激發的靈感。

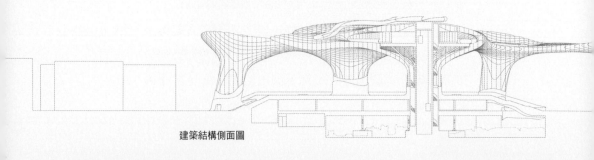

建築結構側面圖

歷史與現代匯合

但該建築的來龍去脈可是極致讓人津津樂道的。話說原本建築的現址 Plaza de la Encarnacion 廣場一開始先被當局規畫為停車場,但在施工期間卻挖掘出羅馬古文物,於是在當局決定把這裡變成博物館和社區中心後,新的建築計畫案才出現。

「在2004年,我們(的設計)終於在競賽中勝出。我們的想法就是:希望能為塞爾維亞創造一個21世紀的新城市空間。」Mayer回憶起說。因為需要是一個建立在這羅馬遺址上的結構,所以為了尊重古文物的存在,設計亦盡量讓建築結

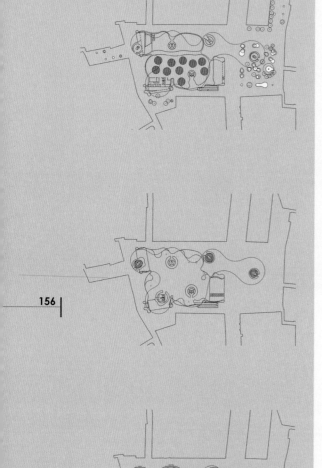

構遠離古文物，讓其不受干擾。建築師最終在決定採用兩大柱子作為建築支撐的時候，之間的差距則需要相當偉大的工程來彌補。從這嚴峻的條件中，柱子就被設計得彷彿像是蘑菇的軀幹般，有效承載足夠的電梯和樓梯設施。

還有，「本來我們設計中的立體陽傘建築形態，需要被轉換成為一個能夠被具體化的結構，因此我們決定開發一個1.5×1.5公尺的幾何網格。」這些木材組件，在電腦程式下被規畫後，就被發送到木材公司去預製，然後才被組裝成為「陽傘」。

花上了約6年的時間才完成，看見成果的有機形態，與周圍中世紀風格的建築形成了鮮明對比，等待是絕對值得的。或許，能夠有如此新穎想法，是基於Mayer他本身出道時原為一位藝術家的背景。往後，當他成為建築師，其設計項目中，對空間內的人為因素，都有著不尋常的處理方式。

「都市陽傘」是世界上最大的木造建築物，也同時可能是使用黏合技術的最大型建築。

Mayer的建築中總夾雜著藝術和雕塑元素——往往這是被很多建築師所遺忘的。他發覺藝術和建築其實頗為相似，都和人與空間的相互性有關。加上電腦的輔助設計和施工，他的建築總是有著複雜雕塑般的形態，而「都市陽傘」中亦毫無一處有著相同的部分，可謂獨一無二。

永續的木造建築

儘管如此，作為世界最大的木造建築物，其永續性也成為了世界的焦點和爭議。「我們確實考慮了非常複雜的參

數，如預製性、維修、成本、壽命、火災、地震和交通負荷、溫度反應等。最後仍然總結：實木為最佳解決方案。」他說。「建築技術在過去幾年中已經經過了相當多的改進，像我們使用的層壓木，如今也已轉化成高科技材料了。」

當然不簡單的是，「都市陽傘」也同時可能是使用黏合技術的最大型建築。整體結構上所應用的實木組件，先以高性能聚氨酯樹脂塗層完工，這樣一來，該建築就不怕熱曬，也能防水。而所有的鋼筋關節，則以一種特殊的膠水連接著這些實木塊，目的是為了將關節的力道轉移到四周的建材上，來達到均衡。這在建築師的觀點中，比起實木的應用，更是建築比較創新的部分。

現在的「都市陽傘」除了地面上的開放式公共廣場，下方則有博物館和超市，營造出一種當地居民和遊客齊聚一堂，一起進行參觀、活動的奇景。而且這宏偉的結構頂上，還設立起步道，供大眾到訪，以遠望了整座塞爾維亞城市。「對我來說，這裡總是有一種誘人的氛圍，就好像是站在雲端、鳥瞰城市一樣。」建築師說。

或許類似這樣的屋頂步道並非新鮮事——米蘭大教堂（Duomo di Milano）、雪梨大橋、斯德哥爾摩的Upplev Mer等，都是旅遊熱門景點。但走在「陽傘」上的步道，卻因為不需要任何安全措施，讓人有近距離地接觸到那嘆為觀止的「疊疊樂」建築細節的可能，反而有另一種窺探建築大師傑作的怦然與心動。

鳥瞰「都市陽傘」，是那麼地壯觀！

富士山下，二級景觀
Secondary Landscape

將屋頂建築視為新的裝修方法，就是環保。前提是，要有效地為舊樓作翻新，在不需要完全拆毀的同時，並增加新價值。

地	點	日本・東京
竣	工	2004年
面	積	68平方公尺
建築師／事務所		Masahiro Harada + MAO / Mount Fuji Architects Studio

「二級景觀」的設計，有效讓沒有所謂校園的學院，有了一個全新的開放式戶外空間。

Ssbs

當搜索關於「富士山建築事務所」的作品時，大多受矚目的是原田真巨集（Masahiro Harada）和原田麻魚（Mao Harada）這兩位創辦人兼夫妻檔的住宅設計，因此會接下如Secondary Landscape（二級景觀）這樣的屬於屋頂建築的艱難任務，應該是他們的第一次。

坐落在東京澀谷區，一棟有40年之久的歷史建築屋頂上，所謂「二級景觀」的設計，乍看像是Formwerkz建築事務所的Maximum Garden住宅屋頂（參見第58頁）——同樣以傾斜實木表面來完工。但是比起新加坡Maximun Garden的地廣，這裡的地形則是有著天壤之別的差距。「的確，該築地是在建築物的屋頂，所以它幾乎像在空氣中進行建設。」建築師們笑說。「這裡沒有足夠的工作空間，也沒有放置大量建材

的餘地。此外,承包商也不被允許在這個市區中吊起建材太多次。他們在這物流的安排上,似乎掙扎了許久,才得以執行該計畫。」

不過,這話語中,似乎並沒有讓人感覺到一絲的畏懼或遲疑。對於這兩位六年級的年輕設計師而言,交給承包商來搞定就可以了。即使碰上了往往較棘手的屋頂建築條例規則,也輕易地化險為夷。他們透露說:「關於屋頂建築的法律,並沒有那麼完善的的監管。承包商對於這樣的法律問題採取了主動性的交涉,但細節上我們也不完全瞭解,只聽說,他們將這計畫作為一項『屋頂廣告塔』的方式來處理。」

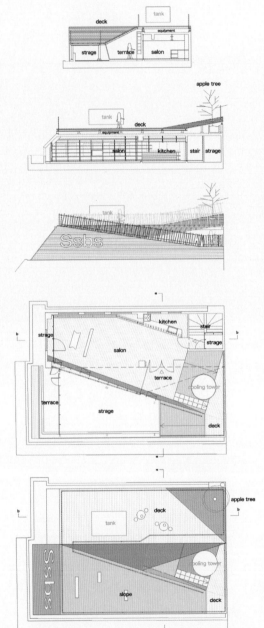

究竟是上天保佑的好運所致，還是純粹擁有精明的社交選擇？從他們的工作步驟中所反映出的現實，應該是屬於後者。

精明選擇的好運

首先，得從建築計畫的最初開始說起。「我們得到了一個美容學院校長的委託，為其建築物屋頂上的一個倉庫進行改建成為圖書館的計畫。」他們說。「因為這棟建築位於日本人口密集的區域中，也沒有所謂的校園，所以我們提出，可以在這個地方建設一個開放空間來代替。因此，最終整個計畫就像介於建築和公園之間的設計。」

但問題是，現有舊建築在結構上有點不太精準，並且還有許多儀器分布在各處。因此在設計方面，他們明白到，需要通過多邊幾何形狀的設計，才能塑造出這一新的空間，好讓它能觸及現有建築物的每一個點。設計圖屆時像極了多邊形的山丘，絕對能

建築設計圖

施工進行時

成為城市中的新「景觀」。在解決了設計部分後，接下來的
問題則是在選材方面。

　　建築師倆人得知承包商所面對的物流問題，就自然要在
運送管理上簡單化。「我們決定只採用單一的實木原料（西
部紅雪松）來覆蓋所有新的空間表面，包括地板、牆壁和傢
俱。」他們解釋道。這實木不但具有高忍受性以及不同變化性
的粗糙紋路和顏色，這些特質似乎適合市區屋頂的情況。此
外，藉由購買大量相同的建材，將能大量降低成本。「雖然我
們不記得準確的數量，但大概也只有一小貨櫃那麼多吧。」

原有屋頂下的圖書館空間也進行極大的改造，成果是採光極佳、擁有實木地板與牆面的空間。

而為了再減輕承包商的負擔，屋頂上原有的儀器如水塔，則是保留了下來。（可以想見，若要在鬧市中將它吊下來，將動用多少人力和時間！）「這個物體看起來像一個被廢棄的登月太空船，我們覺得它挺漂亮的。保留它也同時讓整個設計有了一種景觀式的個性和特色。」他們說。

如此的周詳安排，不但讓他們在一個月內將建築設計好，承包商也只用了一個月作準備；而最讓人難以置信的，或許就是真正的建設工程，只用了非常短的時間——20天就竣工！再好的運氣，應該也無法改變管理上的精明度吧。

二級景觀的綠意

雖然，問及建築師們為何不進一步在這屋頂上增添綠意時，其回答則展現出他們對環保或「綠色主義」的不同觀點。他們認為，若將屋頂建築視為一種新的裝修方法，就已經是極致環保的。

當然前提是，這樣的屋頂建築

踏出圖書館，便能抵達屋頂。

需要有效地為舊樓作翻新，在不需要完全拆毀的同時，增加
新價值，並同時還能作為建築的第二層屋頂——從而最大限
度地減少熱量的流入和降低空調負荷。

　　他們繼續說：「在像東京這樣的大都市，自然景觀往往
都被建築物覆蓋得幾乎看不見。即使人們在街上散步，感覺
亦像在室內空間一樣。戶外空間仍然有短缺的問題。」當建
築師主要被預期從地面上建立起結構時，他們卻藉此特殊計
畫，在建築上打造出一塊土地，因此建築師們才會設想將屋

選材時，建築師決定只採用單一的實木原料來覆蓋所有新的空間表面，是因為它具有高忍受性以及不同變化性的粗糙紋路和顏色。

頂設計命名為「二次景觀」。「這樣的建築能提醒市區居民，只要置身於屋頂中，就能享受到自然的元素，如廣闊的天空，不受限制的陽光，以及迎面的涼風。」

　　不過對他們而言，最難忘的時刻，應該還是向業主提出設計圖的時候。「當我們提出設計時，而他立即讚好的那一刻，我們自己也被他感染而感到非常亢奮。」他們說，「那也是身為建築師的我們的概念，與他作為教育家的新理想合一的時刻。」

　　相信有了這樣的「人和」，屋頂建築計畫所面臨的其他問題，都只是過眼雲煙吧。

「二次景觀」被寄望能提醒市區居民，只要置身於屋頂中，就能享受到自然的元素，如廣闊的天空，不受限制的陽光，以及迎面的涼風。

3-08

浪花屋頂，青年之家
Maritime Youth House

本來是工業區的排水渠和垃圾堆之處，一變而為風帆俱樂部停泊船隻的空間，以及讓孩子擁有戶外活動空間的青年之家。

地　　　　點	丹麥・哥本哈根
基 地 面 積	2000平方公尺
竣　　　　工	2004年6月
建築師／事務所	JDS ARCHITECTS
	BIG（Bjarke Ingels Group）

　　坐落在哥本哈根碼頭比較破舊的 Øresund Sound 區域，這裡隱藏著「眾人皆知」的黑幕──大約100年前，該地區本來是 Amagers 工業區的一部分，主要用作為排水渠和垃圾堆。而自1920年代起，這裡則逐漸變成為休閒之地，促進了 Amager Strandpark 公園的形成。

　　到了1990年代後期，當地居民便開始要求說，要在此騰出的一塊空地內，建立起一棟青年之家，旨在讓帆船俱樂部以及讓當地青年，能在放學後到此聚集和進行戶外活動。當然還有需要解決的是汙染的問題。三重的目的，為這建築計畫蒙上了多層次的難度。但好在能解決這一設計問題的新勢力，亦正在此刻崛起。

揣摩出浪花澎湃的外觀,「海上青年之家」的屋頂是絕佳的滑板樂園。

丹麥當紅炸子雞

　　曾經在著名的OMA建築事務所工作時認識的兩位建築師:丹麥籍的Bjarke Ingels以及比利時籍Julien De Smedt,在2001年退出OMA後正式創立了PLOT建築事務所。深信「如果有故事情節,建築將會是容易的——不然,自創情節則更絕佳。」

　　以「情節」作為事務所之名稱,可以很好地解釋他們的設計哲學和運作模式:由情節聯繫的一系列事件才能成為一種敘述。每個事件都有它自身的洞察力、戲劇性和美感,但是脫離了情節,它們只能成為互相孤立的部件的堆積。孤立來看事件,似乎是隨機並無意義的,但是聯繫起來看,他們在超越的意志中達到高潮。

　　在創立事務所的初期,他們就曾以Water Culture House(水舞間)的設計贏得了一次設計概念賽的競標。而兩年

完工的木質外觀，反映出戶外活動在
這青年之家有著主導地位，建築真正
的「房間」就是室外的活動平台。

後，當初比賽的贊助商「體育設施基金
會」則向他們接洽，為他們帶來了一個真
正的計畫案——Maritime Youth House（海
上青年之家）。但不幸的是，現實跟設計
概念卻有著天壤之別的殘酷性。

雅致的解決方案

　　Maritime Youth House的築地雖然不
大，占約1600平方公尺，但地面下卻全
是受當年工業區影響的汙染。起初，業主
希望能以計畫總預算的25%來清理築地受
汙染的土壤。但最終建築師們發現，土中
的汙染乃屬於穩定性的重金屬，如果汙染
物沒有滲出地面，就不需要清除。對於他
們而言，那確實是讓人印象深刻、甚至可
以說是鬆了一口氣的時候。

　　如此一來，他們才能將所有資金直接
用在建築上，而不是無形的廢料；省出盈
餘的預算，也因此讓他們有能力採用木料
作為覆蓋屋頂的建材。但或許重點還是：
如何以設計來創造兩種不同要求之間的聯
繫——可讓風帆俱樂部擁有足夠空間來停
泊船隻，而青年之家則擁有戶外空間讓孩
子活動，這明明是矛盾的元素，又怎麼可
能結合呢？

PLOT的情節敘事理念因此就派上用場。看他們的設計圖顯示其過程，可以想像他們不斷玩弄著鼠標，先將建築的屋頂一角「拉起」，塑造出帆船的儲存空間；另一端靠海畔方向也被升起，成了一個可以觀賞海港的瞭望台；下層則為青年之家的辦公室。其餘的中央地帶就宛如開放式庭院，而在上下層的陡峭連接後，那揣摩出浪花澎湃的外觀，亦是絕

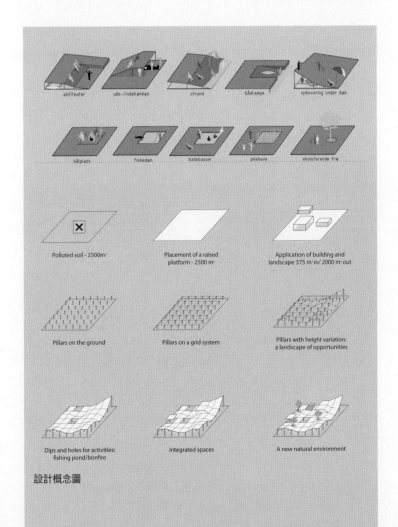

設計概念圖

建築平面圖

佳的滑板樂園。

Ingels說：「是因為有兩組對比元素的碰撞，才創造出開放的設計。」也正是建築所產生的這種張力，才得以展現出建築師們的設計功力。De Smedt聲稱：「我們總是尋找所有不同的、卻能同時從中受益的人，然後將這些元素添加入原本的計畫，因為衝突的需求迫使你需要超越你正常的操作手法，所以會開闢出更多預料之外的可能性。」

將焦點轉移到室內，雖然看似十分簡樸，但其中一大特點就是：前方的辦公室和後方的工作室有極大差別。因為前方是大部分的日常活動發生的空間，需要比較華麗鮮明的感覺，因此採用了白色的水泥地坪和白色的石塊做建材。後方的地板部分則是以標準的灰色水泥地坪來完工。

明顯地，室內地板的堅硬表面與外觀的木質完工，也是極大的對比，甚至還可以說，與通常外硬內軟（即木質室內、水泥外觀）的處理有所反常。這反映出戶外活動在這青年之家有著主導地位，因此建

上）建築的屋頂一角「拉起」，塑造出如帆船般的儲存空間。而建築另一端的辦公室空間（左），則以極致簡單的裝潢來完工。

築的真正「房間」就是室外的活動平台。它也同時涵蓋所有的活動，不管是室內或室外。

撰寫自己的情節

在建築師的設計下，海上青年之家徹底成為一個共享空間。De Smedt說：「當把全然控制的手放開，建築計畫便會受到嵌套在這個城市的社會、政治和商業勢力的大量能源和

靠海畔方向的升起部分，成為一個觀賞海港的最佳瞭望台。

意圖給推進，而我們的創意則在設計過程中為建築刻畫出情節，讓所有元素結合起來……建築師不是一位根據自己的欲望或天分來塑造體積的藝術家，而是一位進行協調、聯合以及編輯社會不同的願望和需求的策畫師。」這意味著，PLOT往往需要重新規畫現有的情況，寫出他們版本的情節。

　　雖然PLOT可惜地在2006年解散，但兩位建築師各自的發展也已經開創出自己的一片天（De Smedt的後續計畫

「Birkegade空中花園」亦遵循了屋頂建築的概念）。但海上
青年之家即使外形再受注目,也得要與其功能的無間和諧才
能達成任務。

　　想到「顧客永遠是對的」這句話,於是便詢問建築師
們,可否知道孩子們對建築的滿意程度。De Smedt說:「我
看見每個人都玩得不亦樂乎,所以我想反應是挺正面的。」
或許,這應該就是這段故事情節的完美句點。

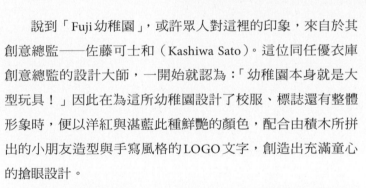

在屋頂上自由奔跑
Fuji Kindergarten

Chapter 3　**3-09**

休閒之用

寬廣的花園非常完美，欅樹的遮蔭感不錯，重建的橢圓形平面屋頂讓幼稚園的面積增倍，也保存了這些美好的事物。

地　　　　點	日本・東京
竣　　　　工	2007年
基 地 面 積	1304.01平方公尺
施　　　　工	株式會社竹中工務店
創 意 總 監	佐藤可士和
建築師／事務所	TEZUKA ARCHITECTS

　　說到「Fuji幼稚園」，或許眾人對這裡的印象，來自於其創意總監——佐藤可士和（Kashiwa Sato）。這位同任優衣庫創意總監的設計大師，一開始就認為：「幼稚園本身就是大型玩具！」因此在為這所幼稚園設計了校服、標誌還有整體形象時，便以洋紅與湛藍此種鮮艷的顏色，配合由積木所拼出的小朋友造型與手寫風格的LOGO文字，創造出充滿童心的搶眼設計。

　　然而，同樣重要的，還有他找來設計這棟新建築的兩位功臣，手塚建築事務所的手塚貴晴（Takaharu Tezuka）和手塚由比（Yui Tezuka）。

　　秉持著「建築影響人類生活及社會活動」的理念，他們倆攜手打造這所幼稚園，其中最受矚目的特色，就是擁有周長200公尺、占地約500坪的橢圓形平面屋頂，不但被用作為孩童的活動區，亦將幼稚園的面積增倍，徹底填補了城市地理環境不足之處。

僅此一家，橢圓形的「Fuji幼稚園」，是個教室與教室之間無死角的全新空間。

「屋頂之宅」為藍本

　　要談起這幼稚園的設計，自然得提起建築師倆的成名作「屋頂之宅」（Roof House）。這棟在2001年完成的建築案例──簡單來說，就是能將日常生活延伸至平面屋頂的設計──雖然在竣工時曾引起很大爭議，但至今，屋主一家依然相安無事地在屋頂上用餐，反而為屋頂的重塑起了正面的好感。

　　「當時幼稚園園長們的要求很簡單。」建築師回憶起說：「他們想要為學校的500位小學生建一個屋頂之宅。」這兩位園長，同樣是夫妻檔，根本不需要字面解釋就對這「屋頂之宅」的設計產生好感。當然對於引介人佐藤可士和而言也亦然。

　　到了初次會議的最高點時，他們記得所有人皆位於這座住宅的屋頂上。「雖然原本只是作為考察，可是到了這屋

擁有周長200公尺、占地約500坪的橢圓形平面屋頂，不但被用作為孩童的活動區，
亦將幼稚園的面積增倍，徹底填補了城市地理環境不足之處。

頂，竟然沒有人想要回家。其原因不管是否為高橋先生和夫
人（屋頂之宅的屋主）或院長夫婦們的參與，不知不覺地，
整個會議就有一種逐漸加深的家族式親密感。」建築師說。
「我們並不認為這是一種興趣相投的狀況。原因根本也無須
解釋。」他們覺得，屋頂住宅自然透露了一切。

　　「雖然屋頂在夏季會炎熱，所以我會在早晨和傍晚的時
候才上去；屋頂在冬季會寒冷，所以，正午時分上去最好。」
高橋先生和夫人所提供的意見，基本上點出了這棟建築的精
髓。因此回到幼稚園的建築設計時，建築師們則完全理解
──「屋頂之宅」將會成為幼稚園之母。

築地的新發現

　　當初與佐藤一起探訪幼稚園的時候，建築師們便發現，
這是一個不斷蜿蜒、狹長的建築物，伴隨著一個廣闊的花
園，充斥著大量的櫸樹。該建築物在某種程度上，比較像是
一棟別墅。

　　但上課期間，這裡卻像一家托兒所，幼稚園園長們往往
都不在辦公室內，而是不斷地穿梭於長長的走廊，從各個教
室中進進出出，因此教室都彷彿成了院長們的「辦公室」。
由於氛圍是如此地好，建築師們因此建議：「將它原封不動

校園中原有的櫸樹，並不如人們預期地被砍伐掉，相反地被建築師保留，讓孩子們更能在城市中親近一小塊的大自然元素。

地作重建吧。」

　　但院長們卻擔心，如果只需要重建的話，建築師或許就不會參與建造工程。所以他們禮貌地開始向建築師透露說屋頂有漏水的地方。到最後，他們甚至還反諷說：「這幼稚園的孩子們都善於將桶放在漏水的屋頂下。」當然，建築師們也喜歡這個即將被拆毀的建築，認為寬廣的花園非常完美，櫸樹的遮蔭感不錯。如果要重建，他們則發誓保存這些美好的事物。

無死角的空間感

　　可是究竟該怎麼設計呢？「傳統的建築中，在建築兩邊角落的房間，不可避免地被孤立，這就成為一些安全的隱患。近幾年在校園裡發生的一些問題，包括暴力事件，基本上都發生在一些隱祕的角落。」建築師解釋道。「我們因此想

屋頂中也置入了小型的天窗,將陽光引入室內。

要製造一個沒有死角的空間,但因為受櫸樹的阻擋,所以就無法成就圓形的空間。」

　　當時對於原有建築無法形成一個圓環感到可惜的建築師們,卻在有一天正在乘搭地鐵的時候,突然就畫出一個橢圓形來避開樹木,怎麼看都比之前的設計還要好,而且還能忠於原味。即便在「保留大樹於建築物內」的概念似乎有所難度,但那沒有死角的空間,卻展現出更大的魅力。位於入口大廳一側的園長辦公室算是整個空間的角落,但事實上,它只算是老師們辦公室的一角。老師們也是安全護衛,在一個開放、沒有死角的空間,老師們可以看顧所有的空間。

　　其實細看這屋頂,也會發現這橢圓形的不規則性。因為沒有固定的中心點,所以建築師也就順其自然,創造了一個沒有中心的屋頂甲板。但這屋頂的平面,卻成為建築師心目中最具挑戰性的元素。「放心將孩子安置在屋頂上,其實是最難的事。即使外圍都安裝上欄桿,當局當初不敢冒險給我們批准。」建築師說。「但我們只能做的是堅持到底。」而最終,他們果然成功了。

　　其實當局的擔心是多慮的。建築師指出,基於孩子的規

模來創造，建築的天花板高度被限制在2.1公尺。這有效將
地面和屋頂之間的關係拉得更為緊密，並且成為一種鼓勵孩
子們、在沒有抑制的情況下盡情探索的因素。如此一來，學
生才會在屋頂和中央庭院中遊樂，不斷讓他們瞭解到自我發
現的重要學問。

　　這個平面屋頂已經不僅僅是一個象徵性的美學，在實踐
層面上，它也與幼稚園的中央庭院合一，成為幼稚園內各種
活動進行的場合，因此非常精確的產生了一個社群式的設計
系統。「我們最終希望，這樣的屋頂將使孩子更強壯和更富
有創造性。」建築師衷心地說。

學生在屋頂和中央庭院中遊樂，將不斷瞭解到自我發現的重要學問。

病入「高空」痊癒法
Kinderstad

Chapter 3 **3-10**

休閒之用

絕佳採光和View、人與人還有與大自然的接
觸、天然原料、遊戲和休閒區域，無一不對
孩子的痊癒過程有著正面影響。

地　　　　點	荷蘭‧阿姆斯特丹	
動　　　　工	2003年11月（設計），2006年5月（施工）	
竣　　　　工	2008年2月	
建 築 面 積	1000平方公尺	
建築師／事務所	SPONGE ARCHITECTS	

誰愛在醫院留連？這樣的問題雖然聽起來有點笨，卻道
出了醫院設計的癥結所在。

醫院固然不是享樂的地方，而且往往在建材、色澤、裝
潢上，都優先考慮與醫學和效率機制有關，不能隨意變更，
進而使得建築的設計往往都比較制式。但這並不表示沒有發
揮創意的餘地。如果有這麼一個空間，能被設計得讓病患心
理有所安撫，心境有所轉換，甚至讓病情有痊癒的可能性，
難道就真的是天方夜談嗎？

所幸Kinderstad的概念就是如此，它位於荷蘭阿姆斯特
丹 Medical Centre of Amsterdam Free University 這家醫院屋頂
上的空間，其目的是：為了讓病患孩童與家屬或親戚朋友，
脫離一般醫院不愉快的環境，進入一個更好的氛圍。其名在
荷蘭文中意即「孩童的城鎮」，顧名思義地，是個不含一絲
的「醫院」氣息的樂園——從小型足球場、私密空間到電影
院，這不難成為一種全新的治療方式。

184

Kinderstad坐落在屋頂上的空間，以精簡並帶些許樂趣的外觀，沒有為原有建築帶來太大的差異性。

屋頂建築起始

　　但殊不知，這一計畫的開始，只是一場設計賽。說它過於現實無妨，但這場由Ronald McDonald Children's Foundation（Kinderfonds）與荷蘭國家建築師委員會（BNA, Dutch National Board of Architects）舉辦的年輕建築師競賽中的冠軍作品Kinderstad，確實完美的從設計圖到竣工成品，都未曾進行過任何事後修改。對於創造者——荷蘭建築師事務所Sponge Architects以及IOU Architecture（Björn van Rheenen、Rupali Gupta、Roland Pouw）而言，這是難以置信卻讓人驕傲的事。

　　Kinderstad在設計方面，雖然被預定作為一項屋頂擴建計畫，但是建築師們皆認為，其外部需要適應現有的8層樓醫院建築，並在同一時間，也得從那裡得到明確地「自由感」。「因為我們希望讓擴建能有所『脫離』，所以將9樓保

施工進行時

持原狀，而10樓則特別以懸臂模式成型。」Van Rheenen 解釋道。「所有新擴建的負載，都透過地板引入現有建築物的外牆柱子，而原有的頂層，當然沒有辦法支撐額外兩層樓。」結果，輕鋼結構是唯一的解決辦法。

與此同時，該擴建因處於原有醫院範圍內，因此計畫中的一切建設得符合較早的規定，這對建材和細節的選擇上有極大的影響，特別是在衛生和細菌學方面。

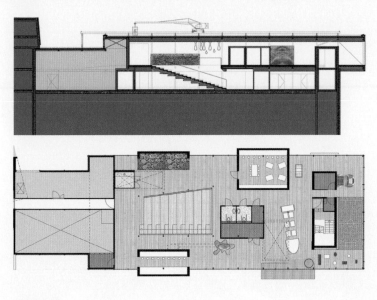

建築設計圖

「我們要創造一種大自然的感覺，就像在戶外般，可是卻不被允許採用任何天然建材。」這雖然成為他們的挑戰之一，但他們皆認為，新建築本來就不應該提醒到訪者：他們仍舊處於醫院環境中。

室內的大自然樂園

因此，與其如現有建築中僅在走廊兩側規畫出房間，建築師們便試圖創造一個大型的開放式空間，並在其中加入一些「盒子」般的私密空間，讓內部延伸到戶外，給予了一種主題式的設計，模糊了內部和外部之間的邊界。另外，因為他們能夠使用的天然建材僅有實木（地板、天花板和牆壁）以及天然石材製的牆壁，對於其他如自由站立的「盒子」，他們只能使用易於清洗的牆紙製成，並以擴大版的大自然元素「印花」來完工。

細看建築立面，這裡使用的鈦金屬瓷磚在不同的傾斜角度中，讓每一天的不同時刻反映出不同顏色光效，創造一種視覺上的對比性。

　　另外，室內還擁有不少與戶外有關的設計。譬如小型足球場的設置，正好面對著阿姆斯特丹的 Arena 足球場。在這裡，孩子們除了能進行球賽，也可以透過大螢幕觀看現場直播的足球訓練。Schiphol 機場也貢獻出舊飛機機艙，讓小孩可以體驗飛機著陸的過程，而且音效都是真實的。其他設施還有電腦區、閱讀區、劇院等等，被規畫得如一座城市，有著廣場、街道和小巷──完全符合了 Kinderstad 為「孩童的城鎮」的概念。當然最重要的還是，該空間內也為父母設想，在一旁設立一個平靜的客廳，讓他們能藉機會喘一口

原有建築的頂樓

氣，歇息歇息一會兒。

「鈦」輕盈的玻璃屋

　　至於建築的外部，從地面往上看時，新擴建就給人一種像漂浮在半空中的第一印象。這與其全玻璃和鈦金屬製成的立面有關。「有別於原有建築磚製的『重』，使用鏡像玻璃作為外牆則較『輕』。」Van Rheenen說。另外他們還在立面上加入了鈦金屬瓷磚，這也同時成為荷蘭建築史上首次使用「水晶烤」的瓷磚。

　　大約2萬片的瓷磚，在排列上也進行了不同的傾斜角度平鋪於立面，這樣一來，每一天的不同時刻，將反映出不同顏色光效，創造一種視覺上的對比性。它與光線、環境和建設共同創造了一種迷人的效果，亦與自然環境融合為一體，如不斷變化的荷蘭天空。鈦瓷磚有效創造了一層防腐蝕的保護層，這一層面可確保劃痕或輕度損傷的自我修復，而且這材料並不像其他金屬，會有銅綠色的反應，因此也能永久地反光。

Kinderstad 名副其實地成為「孩童的城鎮」，這裡從小型足球場、私密空間到電影院一應具全，這不難成為一種全新的治療方式。

叫好也叫座

　　Kinderstad 的設計恰恰滿足到業者的需求，也同時為到訪者創造了良好的氛圍。空間的靈活度也讓到訪者能自發進行各種各樣的活動。因此 Van Rheenen 希望，該建築能成為世界上更多醫院的借鏡和啟發，為「小病患」創造更高品質的空間。

　　「我記得，曾經有一位 12 歲女孩寫道：『我（之前需要）在醫院很長一段時間。自從 Kinderstad 完成後，我每天在這裡都感到很高興。它非常精采。但不幸的是，現在我已經痊癒了，所以現在要回家。』這就是作為建築師的我，夢寐以求的致謝詞啊！」

夜空中的Kinderstad，像是降落在屋頂上的飛碟般。

　　絕佳採光和View，人與人還有與大自然的接觸，天然原料，遊戲和休閒區域，無一不對孩子的痊癒過程有著正面的影響。當到訪者的注意力將從醫療轉移到其他的事物，疾病將會被留下和被遺忘，即使是對於需要在輪椅和病床上的兒童，也實施了這一概念。當然，最寶貴的是，這是任何一處的設施都能使用的概念——而屋頂所提供的，則是難以抗拒的加分元素。

屋頂建築新意

庭院之用

世界最大的屋頂菜園
Brooklyn Grange

有機泥土「屋頂強力輕土」，由堆肥及質輕的多孔石組成，有效減低屋頂負載。足夠的屋頂植被，更可緩解都市的熱島效應。

地	點	美國・紐約
組	織	Brooklyn Grange

6層樓高、建自1919年的建築物，之所以被選上作為菜園，乃因為它：難以想像地、擁有近4萬平方英尺的屋頂空間！

194

600噸的土壤，都是名為「屋頂強力輕土」的一種特別配置的有機泥土，但依然需要費力地以人工進行鋪陳。

　　號稱為地球上最綠之人Matthias Gelber曾經說過：「環保與商業利潤從來都不是零和遊戲，兩者可以並存。」而位於紐約市，甚至可說是世界最大屋頂菜園的Brooklyn Grange，也並非純粹地為環保而起。他們是一個有機的農業營利機構，在他們的菜園中種植15種蔬菜，以讓附近的居民和紐約市的一些餐館帶來收益。但任憑誰都沒想到，他們竟然也撐過了第一個年頭，而且行情確實看漲！

屋頂農場起源

　　農場的主要創辦人，是年僅29歲、擁有金融背景的工
程師Ben Flanner。向來都表達出對有機農業的興趣與熱誠的
他，早在2009年就成立過Eagle Street屋頂農場。「當我研究
過不同的農場，並計畫從城市遷移出來，我便對城市農耕的
實用性開始進行越來越多的思考。」他說。「雖然它依然有其
限制，但能夠在開放式的屋頂空間生產農作物，絕對是完全
合乎情理的做法，是理所當然的。在城市中進行農耕，也能
讓我享受到我所愛的紐約——所有偉大的人民、力量和能做
的事情。」

　　因此，這次為了Brooklyn Grange的成立，他決定找上不
少業界人士的相助，包括有Roberta's餐廳的Chris Parachini
和Brandon Roy、紐約餐飲業資深業者Anastasia Plakias、永

菜園的雛形

續食材提倡者Gwen Schantz等10名志願義工。另外他還找上紐約建築事務所Bromley Caldari以及物流公司Acumen Capital Partners，負責空間的再循環和永續設置。終於在「非布魯克林」的皇后區域中租到這一棟貨艙，進行10年的農業工程。

而這6層樓高、建自1919年的建築物之所以被選上，乃因為，它難以想像地擁有近4萬平方英尺的屋頂空間！在經過600噸土壤的鋪設後，就有效種植下數千株幼苗。而這些土名為「屋頂強力輕土」（Rooflite Intensive），是一種特別配置的有機泥土，由堆肥及輕身的多孔石組成，有效減低屋頂結構上的負載。

每包一噸重的泥土先由起重機從地面吊到6層高樓頂，然後才置放在排水鋪墊和隔離層之上。接著，所有有機蔬菜

在鋪陳有機泥土之前,先會置放排水鋪墊和隔離層。

才會種植在7.5英寸深的土壤中。另外,他們也選擇了毫無任何化學成分的有機肥,全都是來自該社區的堆肥。

環保與商業的均衡永續

常言道:「創業容易,守業難。」除了得解決農耕上的技術問題,作為一個商業性的企業,農場的任務除了保持永續性,盈利性也得有均衡的表現。究竟他又是怎麼辦到的呢?「的確,我們相信財務上的永續性同樣是企業的一個重要組成部分。」Flanner說。「我們希望看到這些屋頂農場能在紐約市和世界各地茁壯成長,但如果他們能在財務上自給自足,成功機率則更高。」

在他們竭盡所能向社會提供物超所值的農作物之際,

卻同時讓農場保持在低調的環境中。這樣的商業模式，將盈利能力依附在人們對於真實、新鮮、美味食品的欲望上，確實有點冒險性。雖然Flanner認為，這並非一個快速致富的計畫，但至少它乃由人性驅使。而實質上，他們在開業一年後，便已經成功地產生足夠的業績來支付租金，並保持充足現金流，是可賀可喜之事。

當然，他們也不忘感謝社區的支持。「對於這樣的屋頂農場概念，社區一開始就非常歡迎，不但會到此選購農產品，也會自願到農場來幫忙打理。對我們來說，重要的是，並非僅僅產生價格合理的美味食品，而是讓社區有機會去接觸到食品的生產過程。我們有一些顧客已經成為日常的義工。看著植物從種子到收成，是一種美好的感覺。而對於能從泥土中拔出成熟的胡蘿蔔，並帶回家享用，亦是件很令人高興的事。」

因為他們善於利用這不再被使用的屋頂空間，所以農作物也不需要經常從很遠的地方運來，大大降低運送所製造出來的多餘碳排放。而屋頂植被也有很大的環保效用，因為「雨水排放」在紐約是個很大的問題，若植被在高樓屋頂，就能減少雨水排泄，還能幫建築物降溫；如果有足夠的屋頂植被，更有可能緩解紐約市的熱島效應。印象深刻的是，他們指出，已經看見蝴蝶、鳥類、瓢蟲和其他飛行類野生動物，都開始湧到這屋頂上，促進了生態學的多元化。

有機農場的未來

屋頂農場本身是一個試驗項目，Flanner說。它的設計和

建造總共就花了6萬美元。由於成本高昂，僅依靠農場的收入雖然過得去，但該農場團隊依然會在紐約尋找空置並且屋主也願出讓的屋頂；另外還會提供幫助，以提高教育和培訓那些對「城市農業」感興趣的人們──似乎有步入速食店式的分行模式！或許未來還有一段很長的路需要走，但如果屋頂農場持續地增加，成本就會有降低的機會。所以趁糧食危機還未白日化，趕快到屋頂去種些菜吧。

以紐約市作為背景，讓菜園顯得極致氣派。

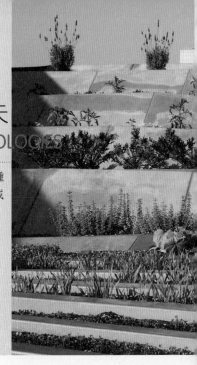

Chapter 4 4-02

庭院之用

當建築師化身農夫
SYNTHe: SYNTHETIC ECOLOGIES

梯田分層的方式能最大化地獲取陽光，種
滿了各種水果、蔬菜和其他香料，編織成
一個低調且自給自足的生態系統。

地 點	美國·洛杉磯
計 畫 領 導	Alexis Rochas
景 觀 設 計	Terence Toy, Los Angeles Community Garden Council
建築師／事務所	I/O, SCI-Arc Design & Technology

200

　　當農耕變成一件非常時尚的活動，「綠化屋頂」則成了絕
佳的屋頂改造計畫。在英國，趨勢研究單位「未來實驗室」
在報告中指出，1550萬的人已經開始自己種菜吃。在美國，
「都會自家農場」的興起，使得美國總統在2011年4月批准
在白宮廚房的花園開墾出5英畝的白宮農場，還由總統夫人
親自監督。在健康飲食以及環境保護的活動終於獲得公眾對
於食物的注意之際，經濟衰退也迫使人們更加聚焦在自我供
應。幾乎每一個人都對於食物產生不同以往的想法。

　　而在洛杉磯這個常年陽光充足的地方，進行農耕的基
本條件早就存在，採用屋頂作為菜園的潛力更是無限。但它
們的重量還真的不小，如 Brooklyn Grange（參見第194頁）
文中所提到的，這因此讓原有建築改建成菜園的方式變得極
有挑戰性，進而導致不少人卻步。因此在面臨「綠化屋頂」
的建築計畫時，南加州建築學院（SCI-Arc）教授兼建築師

南加州建築學院教授兼建築師 Alexis Rochas 設計的人造梯田，呈現了另類的屋頂菜園模式。

Alexis Rochas，才堅決以「輕薄」元素做主要的追求。

屋頂上的梯田

　　他的成果，聳立於一棟洛杉磯市中心，名為 The Flat 的建築樓頂之上。遠看，它那銀色的外表，彷如一種有機形態似的雕塑。但其實這個金屬波紋的梯田結構中，有著一系列的凹渠，深度恰好能作為犁行之用。這就是 Rochas 藉由軟、硬表面的交替而編織出的完全預製系統。他指出：「這的確是一個未曾開發過的層面。」他認為大部分的「綠化屋頂」都以平坦為主，並不一定有建築感。「因為這一個設計是庭院和雕塑的混合體，因此可供人欣賞，亦可使用它。」

　　將該計畫稱之為「SYNTHe」，即「人造生態」（Synthetic Ecologies）。最初，Rochas 被要求清除屋頂上所有現有的機械

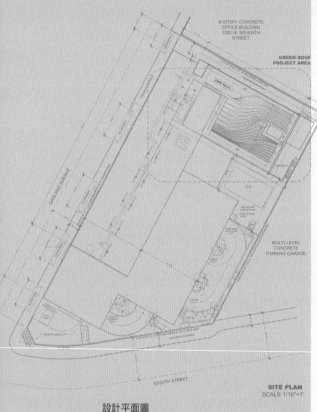

設計平面圖

鳥瞰屋頂上的銀色梯田

設備，包括空調、抽風器和消防控制系統，以便該占地3千英尺的屋頂能提供百分百的可用表面，而梯田分層的方式則能最大化地獲取陽光。這樣一來，在達到屋頂綠化的基本需求之際，亦能對適應性結構的發展進行調查，以將物理和生物的過程，編織成一個低調且自給自足的生態系統。

　　整個系統以三個主要元素組成。建築師首先豎立起骨架，然後以再循環利用的膠合板組成梯田的第一層表面，最後再以鍍鋅板金屬包層，讓這「一整塊」梯田結構達到中空並懸浮的狀態。而因為所有的組件都是預造出來的，因此組裝時便輕易地就能套上。

種植術的規畫

　　「作為一名建築師，通常進行的設計只關係到結構和形狀；但這一次的計畫，卻包含程式和使用的規畫。」Rochas解釋說。「建築師變成農夫，農夫則變成了規畫人員。」確實，這一整個屋頂，除

了一處作為居民的休閒區（1000平方英尺）和垂直花園（500平方英尺），其餘的1500平方英尺空間是專門用作食用植物的種植。

　　梯田中種滿了各種水果、蔬菜和其他香料，以供樓下的 Blue Velvet 餐廳使用。建築師也規畫出以90天的作物週期來運作，讓該餐廳能依照收成的成果來製作出特別菜單，確保顧客們能享用到當季最鮮美的蔬果。但千萬別小覷這一小塊梯田的容量，其實這裡種植的蔬菜種類繁多，包括有番茄、香料、蔬菜、水果、小麥草，甚至有大白菜等。「這是一個真正的、有機的實驗，試探著究竟什麼植物能成功長大。」Rochas 說。「應該可說沒有什麼比這更道地的了。」

人造環保系統

　　值得一提的是，這屋頂所提供的新鮮香料，就足以滿足餐廳的日常所需，使其全年能自給自足。當然，餐廳亦達到了「搖籃至搖籃」的目的——因為餐廳在調

從泥土的鋪陳到種植，最後成為屋頂菜園與庭院，奠定下這項新崛起的「綠化屋頂」設計方案的可行性。

（上）梯田中種滿的各種水果、蔬菜和其他香料，而（下）一旁的草坪則是用作為庭院。

理食材的時候，總會有有機廢物的產生。現在有了這屋頂菜園，就能回收作為堆肥。

除了作為農耕地，SYNTHe也有效作為「第二層屋頂」，進而達到更多的環保效果。如整個結構下的表層皆比平常溫度低15度，能因此減少建築熱增益；還有80％的雨水有效被

這屋頂綠化，讓洛杉磯這個被譽為美國最污染城市之一的地方，有了新希望。

收集用作灌溉，減少了雨水浪費；另外建立起的永續植物生態系統，也有效進行空氣汙染的過濾。

　　這個原型在洛杉磯的首炮成功，也奠定下Rochas這項新崛起的「綠化屋頂」設計方案的可行性。他透露說，目前已經為洛杉磯市開發不同的設計案，特別是採用更大型但類似的表面設置，並將之位於城市的公共公園內。當中包括有Inglewood的Vincent Jr.公園，以及紐奧良（New Orleans）的英格塢（Sam Bonnart）公園等。

　　或許更多建築師需要成為業餘農夫，這樣得益的除了是眾人的視覺享受，五臟也能擁有飽足。

城市屋頂「慢」步之地
High Line

步道中的稍微裂縫，讓植物自行填滿，下雨時便能收集和儲存雨水，然後才慢慢滲入植床內。樹木也提供了遮蔭，達到環境冷卻效果。

地　　　　點　美國・紐約
動　　　　工　2006年
開　　　　放　2009年6月
完　　　　工　2011年（第二期）
計 畫 團 隊　James Corner Field Operations，Diller Scofidio + Renfro, Piet Oudolf.
組　　　　織　Friends of the High Line

設計概念圖

紐約這個繁市的綠洲，除了有最著名的中央公園（Central Park）與Bryant公園外，在曼哈頓西邊新立起的高線公園（High Line Park）則進一步地為這個城市帶來一片「慢」步之地。雖然嚴格來說，High Line這一塊築地不是人們所熟悉的屋頂模式，因為它的前身乃是一條荒廢高架鐵路。但當大都市內開始建起一條又一條的高架，為人們遮擋風雨的，不就是這些「屋頂」嗎？

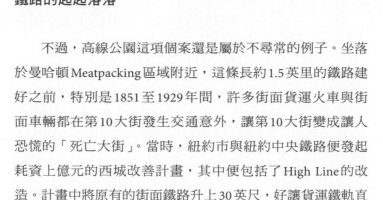

鐵路的起起落落

　　不過，高線公園這項個案還是屬於不尋常的例子。坐落於曼哈頓Meatpacking區域附近，這條長約1.5英里的鐵路建好之前，特別是1851至1929年間，許多街面貨運火車與街面車輛都在第10大街發生交通意外，讓第10大街變成讓人恐慌的「死亡大街」。當時，紐約市與紐約中央鐵路便發起耗資上億元的西城改善計畫，其中便包括了High Line的改造。計畫中將原有的街面鐵路升上30英尺，好讓貨運鐵軌直接與工廠和倉庫接軌，以方便運輸。

　　可是到了1950年代，當州際貨運量有所增加後，High Line的使用量也因為逐年下降，直至1980年就已經沒有火車通行，鐵路從此步入荒廢之年。近20年的時間，這鐵路總是

高線公園裡設置了許多休閒椅和種滿花樹，旨在緩和這座城市的工作壓力，非常適合散步。

雜草叢生，直到 Joshua David 和 Robert Hammond 在 1999 年成立「Friends of the High Line」的非盈利機構，發起了營救處於拆卸邊緣的 High Line，經過多方交涉後，終於逆轉鐵路被拆卸的命運，讓它的新生正式啟動。

「在我們接洽前，高線公園早就存在著它自己的傳說，特別是 Friends of the High Line 一早就為這計畫創造了一個鮮明的形象。」James Corner 說。這位被紐約市議會挑選為高線公園設計景觀的設計師說：「我記得當時，他們為公園塑造出一種氛圍，推廣了一種概念，即：這實際上是一件後工業的文物，在保持著其頹廢感和在城市環境中其他世俗感的同時，亦相反地，在不斷演化和現代化。因此將那些細節具體化，以形成一座公共景觀，的確是一項難以抗拒的機會。」他回憶說。

除了他所主導的前沿景觀建築事務所 James Corner Field

高線公園最尾段，一旁所見的建築為開張不久的 Standard Hotel。

Operations外，建築事務所 Diller Scofidio + Renfro 也一同與
紐約市的園藝、工程、保安、維修、公共藝術等單位，組
成高線公園重建項目的設計團隊。雖與紐約市當局合作，
但基於 Friends of theHigh Line 屬非盈利機構，類似 Brooklyn
Grange（參見第194頁）的模式，組織則採會員制和歡迎捐
獻以籌募足夠款項，作為經營費用，並籌辦公共活動、聘請
園丁管理植物、聘請維修隊伍，以確保花園處於安全狀態等。

景觀設計大學問

　　高線公園首期建設在 2006 年開始，地段從 Gansevoort 街
延伸至 West 20th 街。兩年後則裝上人行道、入口、照明燈、
椅子和種植植物等後期工作，並在 2009 年 6 月開放給大眾。
讓眾人期待已久的高線公園並沒有讓人失望，這個新公園不

新建景觀沒了以往的「廢墟」景象，玻璃圍欄透視著周邊的無限風光。種植設計師在挑選植物時，也以抗寒性、可持續性和色澤變化特質為主，力保花園的常綠景象。

但擁有一般公園的設置，也包含了哈德遜（Hudson）河畔與著名的曼哈頓城市的景色。除此之外，它還提供了一個聯繫 Jacob J.Javits 會議中心與 Meatpacking 區域的無車道路，屆時將有效緩和城市人的工作壓力，亦為城市帶來更寬廣的新視野與空間。

　　但有別於一項建築計畫，高線公園或許最讓人驚訝的地方就是：像這樣一塊不尋常的不毛之地，何以能成為現今的茂密綠地呢？「剛開始接觸這項計畫的時候，我就從鐵路所展現出的個性——從軌道到線性——得到啟發。雖然這真的是個又薄又窄（大約30英尺）的長條，但我試圖去創造一個獨特的對比，讓整個高線公園穿梭於建築物之間，就像為這個石灰林捆上綠絲帶一樣。」James 說。

　　「況且，這裡也有一絲悲傷、頹廢、沉默瀰漫著。作為一個到訪者，你將可以同理這樣的情緒，並感覺到，這裡像是你在一個龐大城市中尋獲的奇景。你可以漫步其中，將之視為一場旅行；又或者化身為觀察者，隱身於其中。」

　　這些就是他作為景觀設計師想要這公園產生的體驗和共鳴。他希望設計能確保步道上每一個細節——從座位到垃圾桶、照明和水源的設施——都使這一個空間擁有大氣和安全感。人們甚至還可以因其長度感到驚訝，對其曲折的路線和沿路景觀有所讚嘆，並因發現這些時刻而感到喜悅。

　　即便如此，他也認為，設計的預期與人們真正能夠感受到的情緒，是他們無法預料的。「不同的人來

高線公園的另一大特點，就是其步道的鋪陳。若稍微注意，會發覺其中有著稍微裂開的地方，好讓植物能自行填滿。

這裡，感受到的東西自然不同。高線公園最偉大的地方是它有角落、縫隙和隱蔽。它也有全景和高處。您可以往一個方向看見第10大道，但轉過身，你則會看到自由女神像。這裡有著大量的精采等待人們去發現，而如果他們能尋找到那一種樂趣，那麼我認為我們（的設計）就成功了。」

讓植物自行環保

自第一期工程的好評，高線公園也在2011年完成了從24th街延伸至34th街的第二期工程。這次的築地更窄，乍看與一條人行道無異。設計在各方面與第一期保持了相同的基本元素（鋪裝、種植、傢俱、照明、交接處理），同時強調，通過一系列有特色的序列空間，營造出豐富的體驗觀感。

遠看高線公園，也會發現其穿梭於 Standard Hotel 之下的人造奇景。

　　因為公園沒有車輛經過，也沒有紅綠燈的提示。因此很容易地便會在此漫無目的走著，坐著，躺著，看著，感覺十分自在。當然，殊不知，從創造景觀的立場來看，將這不毛之地轉換成空中花園，是極度困難的事。「土壤本來在深度上就非常薄——大概只有15英寸。而且紐約的夏天總是非常炎熱，冬天則極度寒冷，同時如何提供植物所需的水和營養，也是一項問題。」James說。

　　因此，選擇種植的花草樹木，都大多以有抗寒性的品種為主。不過設計師也稱，在初期時也利用了試誤法，讓無法生存的品種去除，再作適度的調整。當然，這裡的景觀也因為管理的獨到，而有著充滿張力的特質。

　　高線公園的另一大特點，就是其步道的鋪陳。若稍微注意，會發覺其中有著稍微裂開的地方，好讓植物能自行填滿。而且這樣的設計還具有開放式的關節，下雨的時候便能

高線公園一角

進行收集和儲存，然後才讓其慢慢滲入植床內。「我認為我們可以證明，所有降入的水，有80%到90%將保持在公園內。當然，硬要說的話，這裡的植物也有效減少碳排放。」James解釋道：「而且樹木也肯定提供了遮蔭，進而達到環境冷卻效果。加上所有建材都是再循環或有永續性，因此在這裡，沒有什麼是嘩眾取寵的。總體而言，我認為這是一個非常環保的案例。」

以人為本的好設計

時常，商業競爭讓以人為本的好設計逐漸減少。但紐約卻有效以High Line扭轉了人們對公共建設的常規思考，一如百老匯大道中的TKTS（參見第128頁）。或許擁擠的發達大都會都不是「無可救藥」，反而是需要更開放以及更有遠見的設計來實行先例。

看來，還是已故美國建築師愛德華·斯通（Edward Durell Stone, 1902-1978）說得最好：「作為一個偉大的城市，需要很漂亮的建築，但單純追求建築的壯觀是不對的。很多優秀的城市，其偉大之處就在於地面，因此，步行系統是城市景觀規畫要努力關注的重點。」

恆溫，最宜居的屋頂
Casa V

草皮是利用築地挖掘後的表層土鋪成，這樣的土壤鋪陳有利於「生物氣候」的促進，增加動植物的繁殖，且能有效調節室內溫度，亦可收集雨水。

地　　　點　哥倫比亞・波哥大
動　　　工　2006年（設計），2008年（施工）
竣　　　工　2009年
建 築 設 計　Felipe Mesa (Plan: B)，Giancarlo Mazzanti
建築師／事務所　Plan: B Arquitectos

　　　　根據中國全國科學技術名詞審定委員會審定公布，生物氣候（Bioclimatic）宏觀上指：反映自然界水平地帶和垂直地帶格局，規律的大氣候與植被、土壤的密切關係。而生物氣候建築，則是將有關氣候的學問應用在建築中，企圖搜索出能夠改善住宅達到最舒適的條件。這確實比僅僅採用綠建材來造屋有著更深一層的策略性思考。遵循這風格的建築師們，往往需要考慮每個地區的氣候差異來進行設計，一點都不簡單。

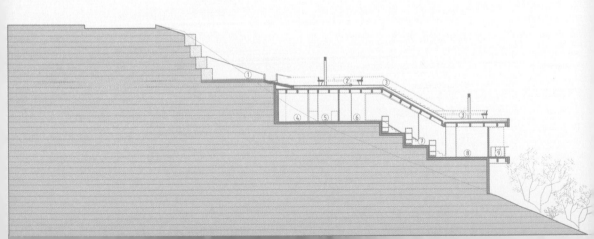

當視線與Casa V的屋頂露台平行時,則是一望無際的美妙山景。

新興建築風

　　這一種可讓房子時時刻刻處於「恆溫」狀態的方式,似乎在波哥大(Bogota)城更容易實現。作為哥倫比亞的首都,該城雖然靠近赤道,但因位於東科迪勒拉山脈西側的蘇馬帕斯高原,地勢較高、海拔2640公尺的谷地上,所以氣候既涼爽,四季亦如春。

　　但若提及這裡的建築發展,則沒那麼順遂。當地建築師Giancarlo Mazzanti指出:「多年來,哥倫比亞可以說僅僅只有一種建築形態:以當代方式來設想和詮釋。然而,忽然之間出現了一系列「微偏離」(micro-discourse),讓新建築超出了所有獨特性、極權主義和絕對概念。這一個現象,開始動搖現有的設計,進而催生出不同的建築形式,帶來當代建築的新話題,波哥大城市正是如此。」

　　他說,即便人們談論著的是「國際性」的話題,「當地

像是一種自然成形的空間，沿著傾斜100度的山坡匍匐前進。Casa V很有日本住宅設計中盡力符合地形的巧思。

性」卻依然受到考量——即《型男飛行日誌》電影中提及的「Glocal」（全球當地語系化）。「我們（哥倫比亞建築師）並沒有發現什麼異常的事，也沒有生產一個新的思維方式，只是正在進行一次大變化。關鍵的是，哥倫比亞是一個對公共建設充滿熱情的國家，一切都需要通過競賽選出，這使得年輕建築師有更多機會分一杯羹。」而他和Plan:B建築事務所打造的Casa V，正好就是這股趨勢中的例子之一。

B計畫的A級景觀

　　若開車在波哥大某處的山坡蜿蜒而下，Casa V很容易就被忽略掉——不是因為其設計的過於平凡，相反地，在這一望無際的山景中，在視線上是完全觸及不到Casa V的，因為

屋頂上採用的土壤全來自築地挖掘後的表層土，亦同時為建築師們親自鋪陳的。

它像是一種自然成型的空間，沿著傾斜100度的山坡匍匐前進，很有日本住宅設計中盡力符合地形的巧思，亦有達成當代建築不嘩眾取寵的功能性。「這正是我們想要的。」Plan:B建築事務所首席建築師Felipe Mesa說。「一個能成為景觀一部分的建築。」

　　Casa V用了8個月來建造，但設計卻花上了一、兩年的時間才定案。建築師稱，這是因為在版本上，至少有三、四次的更換！或許原因就在於屋主Jaime Ordoñez的要求。「他是一位單身的年輕人，從事鋼化和色彩玻璃製造的事業。首次與我們會面時，他就說需要這未來之家，除了能涵蓋室內的基本需求外，還得以玻璃和混凝土製成。」Mesa說。「可是因為波哥大的玻璃無法適合『生物氣候』，我們因此建議他選擇較重的原料，以打造更堅實的房子。同時平面圖和空間

梯形內的開放式空間，成為了屋主的
圖書館兼音樂室。

的設置也改了再改，好讓築地的自然坡度與房
子有著非常服帖和靈活的適應能力。」最終屋主
還是同意了。

　　當然，在這山坡地進行搭建，很難不涉及
到法規和條例。而Mesa亦承認，這工程確實涉
及到很多關於建築距離、人流疏散、鄰近地段
的相隔、高度等等的限制，但全都順利得到認
證，符合上哥倫比亞抗震標準。

綠化屋頂為起始

　　明顯地，這棟住宅最大的特色就是擁有綠
色草皮和露台的屋頂。而建築師透露，這草皮
中的土壤，還是他們親自鋪陳的，土壤亦是來
自築地挖掘後的表層土。由於地形的關係，移
動任何土壤都需要經過非常謹慎的考慮。「我們
喜歡的是親手進行築地的動土，就像是進行手
工藝一樣。我們只需要挖掘一小部分的土壤，
便開始打樁豎立起這房子。」那是他們印象最深刻的部分。

　　而這草皮，也是一種表層土再利用的好辦法，「因為在
許多情況下，表層土往往都會在工程動土後被帶走。同時，
這樣的土壤鋪陳有利於「生物氣候」的促進，只要種植上適
當的品種，便可增加動植物的繁殖。」他說。一如任何「綠
化屋頂」，這草皮能有效調節室內溫度；整個屋頂亦被利用
作為雨水的收集。另外，在「生物氣候性」的層面上，住宅
的立面設置於午後是朝陽的，減少機械式加熱的需要，進而

梯形空間一旁也有著大塊玻璃幕牆，以取得最佳的採光效果。

消耗更少的能源。

　　現實中，這座房子的確如屋主所要求地，採用了極致簡單的建設系統。像一棵樹，這房子在築地上橫向地分出兩條枝枒，以不同高度作區隔：上層為「社交手腕」，擁有橋梁和草皮陽台，而下層則是私人空間和服務性空間。樹的主幹是一個樓梯式圖書館兼音樂室，亦作為房子趣味極致旅程的起始。

在這山坡地進行搭建，確實曾涉及到很多關於建築距離、人流疏散、鄰近地段的相隔、高度等等的限制，但全都順利得到認證，符合上哥倫比亞抗震標準。

該不該永續到底？

　　Plan:B建築事務所的發展，猶如哥倫比亞歷史般充滿轉折點。2000年由哥倫比亞籍建築師Felipe Mesa和Alejando Bernal創立，後者於2006年退出，而Mesa則自己扛下重任，在接下來的4年裡持續成長。到2010年，才和Federico Mesa結合一同掌管。Casa V則是在Giancarlo Mazzanti的援助下一起完成，而屋主也非常享受這一棟「恆溫」的現代住宅。

建築的另一角,「上層」空間與露台也以一小段的橋梁銜接著。

　　說到「恆溫」,就自然得問及 Mesa,是否認為建築能百
分百地達到永續?

　　他回答說:「對於一個真正綠色(環保)的工程,總依
賴許多元素的同步達成,而這往往是最難的地方:從原料提
取過程需要適當,運輸和製造中有所節能,不能產生汙染,
副產品得要有具體用途,當然還有社會階層的永續性,建築
的『生物氣候性』也需要做好(這在不同季節型的地區有著
不同的方式)等等……永續性發展皆有程度上的高低。而擁
有一個綠化屋頂,則是這其中一項而已。」

　　永續性本來就是一項複雜的課題,而要做到面面俱到,
則難上加難。雖然 Plan:B 的「恆溫」並不是頂點,但在恰恰
達到均衡中,取得完美。

失落的屋頂花園
Birkegade Rooftop Penthouses

有青草皮製的小山丘，還有觀景台、木製的甲板露台、
吊橋以及一大片的遊樂空地……「宅」在家裡也可以有
截然不同的意義。

地　　　　點	丹麥·哥本哈根
竣　　　　工	2011年
基 地 面 積	900平方公尺
建築師/事務所	JDS ARCHITECTS

屋頂中也有一小塊的草皮製山坡。

　　問及比利時建築師Julien de Smedt，現今的城市是否需要屋頂建築時，他說：「當然需要。城市應該要一直發展他們的屋頂。如果不使用這些與築地相同大小的空間，它將會流失掉。對於我來說，我們應該更進一步，讓這些空間開放成為公眾場所。」

　　而在看到了他在哥本哈根完成的這棟屋頂建築後，他是確實遵守了自己的承諾。有別於在屋頂上僅僅蓋上草皮就算完工，他卻花了大量的敘事性，讓這城市屋頂因設計，幻化成為了一個老少咸宜的遊樂設施。乍看之下，還會以為這是哪個哥本哈根的郊區公園呢，不是麼？

因為建築群的狹窄庭院，才有了Birkegade的概念。這屋頂在傍晚時分，亦很迷人。

屋頂優化再利用

「通常，要定義任何建築的竣工完畢，最終措施都是屋頂。但在不久的將來，Birkegade屋頂將開闢一種更新式的多元化住宿和體驗。」他說。

坐落在Nørrebro的Elmegade區，這裡應該是哥本哈根市中心人口最稠密、文化最多元的地區之一。尤其是Birkegade／Egegade／Elmegade這三大塊土地上的建築群，皆具有非常高的密度，進而使得其庭院也變得狹窄和擁擠，這和人們一般所熟知的哥本哈根的嚴謹城市規畫印象，確實有所區別。

但「皇天不負苦心人」，恰恰是因為這些庭院的狹窄，本案例的概念才有了成立的基礎。驅使這概念的動力，是

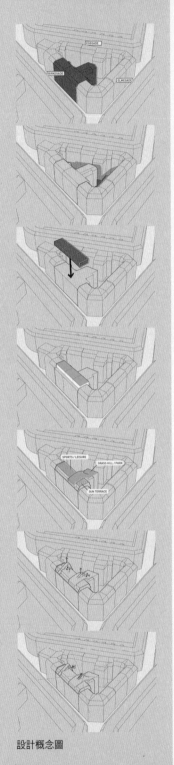

設計概念圖

為了能在現有的大樓屋頂上建立起「消失的花園」，使所有居民能獲得一個真正的戶外空間。而為了符合「消失的花園」的意境，de Smedt亦四處參考了哥本哈根其他城內的花園設施，他發現，它們往往都典型地著重於功能性。因此，為這棟建築屋頂打造類似的花園時，亦在設計上打造成一個功能性空間。

但為此設計加分的，卻是建築師額外增添的多重享受：這裡不但有青草皮製的小山丘，還有觀景台、木製的甲板露台、吊橋以及一大片的遊樂空地（當然，也全附上防震性表面）。整個範圍也都圍上了欄杆，因此無需擔心孩子的安全。

雖然有人指出這裡的活動區面積依然有限，但是比起原有的地面庭院，這裡彷彿就是孩子的天堂，在這裡踢個球、跳個繩，絕對沒有任何問題。況且天氣好的時候，大人們還可以陪同小孩在此進行燒烤會等戶外親子活動，進一步地聯絡家庭成員之間的感情。

為公共設施努力

問及de Smedt如何形容自己作品的風格時，他說：「我多是為了公共設施而努力。」自2006年PLOT建築事務所拆夥，而他從此單飛發展以來，他所有設計案的目標，都是為了激

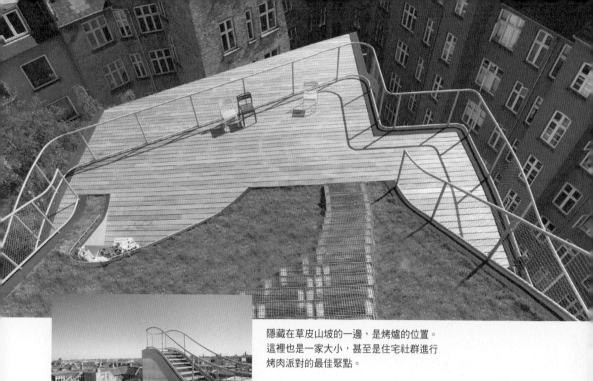

隱藏在草皮山坡的一邊，是烤爐的位置。
這裡也是一家大小，甚至是住宅社群進行
烤肉派對的最佳聚點。

發社會的互動以及城市文化建設，從2007年的Holmenkollen
山設計滑雪塔，到2009年的哥本哈根山形住宅區，以及耗資
135萬美金打造、占地900平方公尺的這項屋頂計畫，他再
次證明自己是言而有信的。「我感覺自己的作品並沒有通常
人們所說的『風格』——頂多只能形容為『現代性的』及『具
有挑戰性』吧。」他說。

　　Birkegade的打造看似理所當然，但他卻認為，這樣的概
念自柯比意提出至今，也已經流傳了整整一世紀之久，卻還
不見普及化，實在是有點荒唐。

　　「毫無疑問，（建築）這個行業發生了重大的變化，人
們越來越關注建築師，甚至投票評選我們這個職業為最性
感的職業，就連布萊德・彼特也來搞建築……這當然令人欣
喜，但也讓人迷惑。我想，經濟危機或多或少可以解決這

個問題，畢竟危機的積極面是：可以提高我們應對問題的能力。建築師是負責解決問題的人，而現在也是把建築師的能力充分運用的時刻。」de Smedt 說。

即便人們會對屋頂作為公共設施的概念有所懷疑，但是為了優化和充分利用屋頂，應在所提供的範圍內，將其未來的潛力設計並發揮到最大，好讓居民能有更喜悅的生活方式，不應該還裹足不前。

當然，科技的迅速發展，也讓現在的屋頂建築擁有了一套可在任何地方都能套用的系統。因此建築師亦大方地說，像此個案的概念，也不僅局限於這棟公寓；相反地，它早就可作為創建一個有用的屋頂花園，以及為公寓建築打造美麗景致的基本模範。這樣一來，「宅」在家裡，可能在未來就會有絕然不同的意義了。

屋頂建築的何去何從
——Why Now？從綠化開始

如今談及「綠化屋頂」（Green Roof，亦稱Living Roof），已經不再是什麼新鮮事。

正當原油、天然氣和能源價格逐漸上升的時候，世界各地更多的屋頂，除了安置上太陽能電板，最理所當然地就是進行植被。不管這「綠化屋頂」的「深淺」（土壤深淺即代表植物品種的多寡），其正面影響是顯而易見的：它們可減少「都市熱島效應」、延長屋頂壽命、提供雨水的儲備、創造生態、減少建築的能源消耗，甚至可帶來糧食等。另一方面，植物的設置也能開拓出全新的設計路線。因此，這些有利於環境保護的「綠化屋頂」的安裝，已經逐漸成為一種流行。

近期的如Renzo Piano設計的加州科學博物館（California Academy of Science）、BIG（Bjarke Ingels）的8 Tallet公寓、Dominique Perrault設計的首爾梨花女子大學（Ewha Womans University）等，都是「綠化屋頂」的例子。而Perrault更是在1990年代就宣稱「建築的消失」，早就設計過在屋頂上種植500棵蘋果樹的柏林游泳池與單車運動場。而且有些位於柏林的「綠化屋頂」更是早在90年前就出現了——比德國「屋頂」概念的歷史還長達4倍那麼久。當然值得重複提起的，依然是讓「綠化屋頂」成為眾人話題的「五元素」。這本書也僅能收錄部分的概念，特別選擇了重新詮釋「綠化屋頂」的設計，不過遺珠之多，憾無法全面大篇幅地報導。

當然，多得科技的躍進，「綠化屋頂」的工程也變得越來越普及，甚至成為「逼」需。因為不少世界各地的城市已經逐漸為「綠化屋頂」立法成政府當局管控的一部分，這或許比起當年柯比意的「單槍匹

馬」來的有效。

　　且看看一些世界城市的「綠化屋頂」政策方針：

美國

1. 芝加哥

　　針對城市顯著的都市熱島效應，當局定下了節能屋頂規則，要求所有屋頂將光線反射減至最低，或是僅能有25%的「反照率」（albedo）。雖然政策中並沒有指定採用的方式，但「綠化屋頂」早就被接受作為滿足這一項條件的實際手法。同時為了鼓勵發展商，也允許他們在高密度中進行工程，條件是他們得在建築屋頂面積至少50%或160平方公尺——以較大者為準——覆蓋上植被。芝加哥也在進行適度的資助計畫及擬定雨水保留指數。

2. 波特蘭

　　政府建築都需要有綠化屋頂，並至少需要有70%的覆蓋率。其餘的屋頂表面必須覆蓋上高效節能的建材。另外當局也提供額外獎勵金，如「樓層面積優惠」以及扣除35%的雨水管理費。該城市的「環保屋頂運動」也有效提高「綠化屋頂」效益的意識。

3. 西雅圖

　　「西雅圖綠色原則」（Seattle Green Factor）是一項景觀策略的指

南，應用在全新的發展中。這是一個包括了4棟以上的住宅，超過370平方公尺與二十多個停車位的商業區域。它的目的是，為人口密集的城市地區增加景觀的數量和質量。「西雅圖綠色原則」在2007年1月正式生效，本質上是與柏林所應用的模式類似。一個城市面積的30%需要覆蓋上植被，並提供灰水回收的獎勵。

4. 洛杉磯

自2002年7月1日起，所有洛杉磯市大於700平方公尺的建設項目，都需要實現能源與環境設計協會（LEED）的「認證」標準。而為了達到標準，可選擇安裝「綠化屋頂」。因為該標準採取的是分數的統計，「綠化屋頂」若覆蓋建築的50%，將因為能減少都市熱島效應而獲取1分，另外也因為能儲藏雨水而獲得1分，依此類推。如同波特蘭，洛杉磯也將逐步實行雨水管理費的扣除計畫，不過目前「綠化屋頂」的安裝並非強制性。

加拿大

5. 多倫多

多倫多城市當局為了鼓勵屋頂綠化，所進行的策略包括：城市管理局對安裝綠化屋頂的承諾、私人發展綠化屋頂獎勵金的試點方案、提高意識運動等。該市也將「綠化屋頂」政策化，希望能進行更多檢討性的決策過程、小組研討會、圓桌會議等，而且在2008年4月，市

議會也通過了屋頂綠化的策略。多倫多目前已有一個屋頂綠化專案小組，旨在推廣工程的示範。

6. 溫哥華

作為一個試點方案，該市已為Southeast False Creek區域發展出一項規畫。這個25公頃的混合使用發展工程裡，所有建築物需要有至少50%的綠化屋頂。目前當局也正在採取步驟，調整城市建設的條例來設定建築業的「綠色基礎」，包括屋頂的綠化。

歐洲

7. 瑞士·巴塞爾（Basel）

2002年，巴塞爾城市的建築法規中納入了綠化屋頂的原則。這當中的細節就包括有：原生土壤和植物的使用、種植土壤的深度、鼓勵生態的繁殖，以及1000平方公尺以上的「綠化屋頂」計畫需採用專業人士設計的要求。

8. 德國·柏林（Berlin）

柏林是德國將城市和國家政府的職能相結合的三大城市之一。該城市率先推出的「生活小區面積」（BAF）指數，它所代表的是「生態可生存表面」（如花園、綠化屋頂等）和基地總面積之間的比例。BAF指數也為不同形式的建設設定目標值：新的住宅為0.6，商業發展則為

0.3；以此類推，傳統的密封屋頂指數為0；而屋頂上若有超過80釐米的土壤表面與植被覆蓋，分數0.7。與此同時，柏林景觀規畫中亦強制規定，城市內的13個區域需要實行屋頂的綠化，其他地區則以自願形式鼓勵綠化。綠化屋頂也進而減少了50%的排水收費，不論它們是否連接到下水道。

9. 奧地利・林茨（Linz）

　　鼓勵綠化屋頂的動機是因為這裡嚴重缺乏綠地，因此這個城市才在2001年實行了「綠色空間計畫」（Green Space Plan），有效為地區的發展計畫提供標準的政策。這些政策都是強制性的，譬如說：新的和擬議的建築面積，若超過100平方公尺和有一個高達20度的斜度，不包括棚式屋頂，都需要進行綠化。綠化屋頂的最上層至少要有12釐米厚作為生長介質，生物材料的覆蓋面至少應為屋頂的80%。林茨也為屋頂的建設成本提供補貼，最多可獲合格費用的30%。不管是強制性還是自願安裝的「綠化屋頂」，都能享有這些補貼。為了鼓勵政策的響應，補貼的50%將會在建設期間給付，而其餘的50%則在植被一旦建立後給付。

10. 德國・默斯特（Munster）

　　如果安裝綠化屋頂，當局將提供排水費80%的扣除。

亞洲

11. 中國・北京

適逢2008年奧運會所需要的空氣質素改善，當局立下了將城市高樓大廈的30%和低層大樓（即低於12層）的60%皆需要被綠化的政策。

12. 日本・東京

該市已設下了創建30平方公里綠化屋頂的目標。為此亦立下了一個政策，迫使占地面積超過1000平方公尺的新私人建築，以及超過250平方公尺新公共建築，需要有20%的綠化屋頂，否則將遭罰款。這項政策是有效的，每年啟發大約5萬平方公尺的綠化屋頂。日本政府亦準備將這政策推廣至國內各城市。

優缺點的再考量

如今，屋頂的功能性似乎已經無所不能，而其效益並不難以理解：它可豐富城市環境、增加社會多元性，功能性的刺激經濟內需、加強城市建築的再利用、啟動讓人遺忘的區域等。若從建築業的角度來看，則有可能再塑造另一次的「畢爾包效應」，不管是永久性或快閃式的構造。

依（台灣）的建築法規，房子的建造共分為四大項：

一、新建：為新建造之建築物或將原建築物全部拆除而重行建築者；

二、增建：於原建築物增加其面積或高度者。但以過廊與原建築物連接者，應視為新建；

三、改建：將建築物之一部分拆除，於原建築基地範圍內改造，而不增高或擴大面積者；

四、修建：建築物之基礎、梁柱、承重牆壁、樓地板、屋架或屋頂，其中任何一種有過半之修理或變更者。

而屋頂建築所涉及的法規範圍，往往因個案而異。但因為無法將屋頂建築歸類為特殊的一項條例，所以有可能簡單為修建的一種，也可能大型如新建的工程。但理所當然地，建築的功能性、工程的困難與複雜度往往是成正比的，其包含的基本元素如人流、屋簷高度、泊車位、防火系統、緊急出口等等，都本來就是建築規則所需要考慮的。而且有些歷史性建築的負責方則認為，這樣的新概念，就算有效產生新美學態度，也只會摧殘歷史。原有住戶也有可能對新屋主造成問題，特別是原有住戶往往不希望聽見屋頂建築工程所帶來的噪音，更別說有時候還會是長達一年的時間！

身為新屋主，最重要的部分依然是採用合法的專業建築師為宜，特別是在地震、颱風範圍內的國家如台灣或香港，則需要額外有專家如結構工程師的介入。況且在黑心建商似乎更倡狂的國家裡，當原有建築的安危都已經成問題，又是否還有心機去探討該不該將屋頂進行再造呢？——這或許就解答了，為何屋頂建築遲遲沒有在這裡出現的

原因了。

　　當然，如果屋主和建築師的想法和理念一致，進行屋頂建築自然比較容易──特別是，當業主從未考慮過屋頂也能作為潛在的築地和經濟來源時。如今在經濟不穩定的局勢中，也許為了尋找新的經濟來源，人們會更積極地看待這一項概念，說不定屋頂建築在未來將會成為一項不錯的投資呢！讓黑心建商打翻這一條船，也實在太可惜了。

後記

　　常言道，初生之犢不畏虎。前文中，幾乎所有的建築師都是首次設計屋頂建築的新兵，可見屋頂建築在設計和建設上所擁有的難度，往往來自非技術性的元素。若屋頂建築也能逐漸如「綠化屋頂」獲得政府當局的認可，勢必能在任何一個城市中，打造一塊小小的烏托邦。

〔 附 錄 〕

建築細節
Architectures Details

Chapter 1

1-01　Penthouse Ray 1
動工：2000年（設計），2001年11月（施工）
竣工：2002年11月（不含家私），2003年6月（含家私）
基地面積：230平方公尺
建築面積：340平方公尺
計畫團隊：Anke Goll, Christine Hax

建築師／事務所：Delugan Meissl Associated Architects
地址：Mittersteig 13/4, A-1040 Vienna, Austria
網址：www.dmaa.at
攝影：Hertha Hurnaus

結構工程：Werkraum ZT GmbH Vienna, Austria
立面系統：Kusolitsch Aluminium u. Stahlkonstruktionen GmbH, Wiener Neudorf, Austria
鋼結構：Buttazoni GmbH, Sollenau, Austria
建造師：Baumeister Tupy GmbH, Vienna, Austria
板材卷材屋頂：DWH Dach & Wand HUEMER+Co GmbH, Langenzersdorf, Austria
幹牆建構：Willich Trockenbau GmbH, Vienna, Austria
電氣規畫：Friedrich Hess GmbH, Neusiedl am See, Austria
木工：Franz Walder GesmbH, Ausservillgraten, Austria

1-02　Nautilus Sky Borne Buildings
動工：1998年（設計），2003年（施工）
竣工：2005年

基地面積：560平方公尺

建築面積：389平方公尺（4樓）,250.0平方公尺（5樓）,181.5平方公尺（6樓）

計畫團隊：Eric Vreedenburgh, Coen Bouwmeester, Niel Groeneveld, Jaap
Baselmans, Guido Zeck

建構施工：Broersma – Pim Beeking

建築師／事務所：Archipelontwerpers

地址：Dr. Lelykade 64, 2583 CM The Hague, The Netherlands

網址：www.archipelontwerpers.nl

攝影：Archipelontwerpers

1-03 Didden Village

動工：2002年（設計），2006年（施工）

竣工：2007年

基地面積：165平方公尺

建築面積：45平方公尺

計畫團隊：Winy Maas, Jacob van Rijs, Nathalie de Vries with Anet Schurink, Marc
Joubert, Fokke Moerel & Ivo van Cappelleveen

建築師／事務所：MVRDV

地址：Dunantstraat 10, PO Box 63136, NL - 3002 JC Rotterdam

網址：www.mvrdv.nl

攝影：Rob 't Hart / MVRDV（概念／施工）

1-04 Ozuluama Residence

動工：2004年6月（設計），2007年10月（施工）

竣工：2008年05月

基地面積：150平方公尺

建築面積：120平方公尺

計畫團隊：Kurt Sattler, Julio Amezcua, Francisco Pardo

建築師／事務所：Architects Collective

地址：Hohlweggasse 2 / 25, 1030 Vienna, Austria

網址：www.ac.co.at

攝影：Wolfgang Thaler

結構工程：Colinas de Buen
立面系統：Vilcre
立面設計：Gabriela Diaz
承包商：Factor Eficiencia
廚房設計：Angel Sanchez

1-05 Chelsea Hotel Penthouse

動工：1999年（設計），2000年（施工）
竣工：2001年
基地面積：60平方公尺
計畫團隊：Blake Goble, Bennett Fradkin
結構工程師：Nat Oppenheimer, Robert Silman Associates, New York.

建築師╱事務所：B Space Architecture + Design LLC
地址：135 West 29th Street, Suite 1203 New York, NY 10001, USA
網址：www.bspacearchitecture.com
攝影：Bjorg Magnea / Blake Goble（施工）

1-06 Sky Court

動工：2008年（設計），2009年（施工）
竣工：2009年
基地面積：114.62平方公尺
建築面積：224.40平方公尺
計畫團隊：Keiji Ashizawa / Rie Honjo
結構工程師：ASA Akira Suzuki

建築師╱事務所：蘆沢啟治建築設計事務所、一級建築士事務所
　　　　　　　　　　　（Keiji Ashizawa Design Co.）
地址：〒112-0002 東京都 文京區 小石川 2-17-15 1F (zip 112-0002, 2-17-15 1F,
　　　　　Koishikawa Bunkyo-ku, Tokyo, Japan)
網址：www.keijidesign.com
攝影：Takumi Ota

1-07 House in Egoda

建築師╱事務所：Suppose Design Office

地址：〒730-0843　島市中區舟入本町15-1 (zip730-0843, Building 725,15-1, Funairihonmachi, Nakaku, Hiroshima, Japan)
網址：www.suppose.jp

1-08 Maximum Garden House

竣工：2010年
建築面積：350平方公尺
設計團隊：Alan Tay, TF Wong, Benny Feng

建築師／事務所：Formwerkz Architects
地址：12 Prince Edward Road, Bestway Building Annex D 01-01/02, Singapore 079212
網址：www.formwerkz.com
攝影：Jeremy San

1-09 Growing House

動工：2001年4月（設計），2005年8月（施工）
竣工：2006年8月
建築面積：260平方公尺
計畫團隊：Mike Tonkin, Robert Urbanek-Zeller, Anna Liu, Jochen Kälber, Anne-Charlotte Wiklander, Christian Junge, Emu Masuyama, Myung Min Son
執行建築師：Mike Tonkin, Robert Urbanek-Zeller

建築師／事務所：Tonkin Liu with Richard Rogers
地址：5 Wilmington Square, London WC1X 0ES
網址：www.tonkinliu.co.uk
攝影：Tonkin Liu

結構工程：Expedition Engineering
服務工程：BDSP
SAP顧問：ECD Projects Services
工料測量：KHK Group
計畫管理：KHK Group
防火顧問：Warrington Fire
景觀設計：Tonkin Liu, Tendercare Nursery

燈光設計：Tonkin Liu，BDSP
牆面測量：RVM Partnership
法律顧問：Campbell Hooper
主要建商：MJH
種植結構：Tender care
鋼結構：City Steel
幕牆結構：Schuco International
電工：R J Mechanical

1-10 Hemeroscopium House

動工：2005年12月
竣工：2008年6月
建築面積：400平方公尺
計畫團隊：Elena Pérez, Débora Mesa, Marina Otero, Ricardo Sanz, Jorge
　　　　　Consuegra

建築師／事務所：Ensamble Studio
地址：C/Mazarredo 10 28005, Madrid SPAIN 410
網址：www.ensamble.info
攝影：Ensamble Studio
工料測量：Javier Cuesta
發展商：Hemeroscopium
建構商：Materia Inorgánica

1-11 Nibelungengasse

動工：2003年9月（設計），2005年6月（施工）
竣工：2008年
基地面積：2402平方公尺
建築面積：2102平方公尺
計畫團隊：Rüdiger Lainer, Andreas Aichholzer (PI), Constanze Kutzner, Julia
　　　　　Zeleny, Antonius Thausing, Gernot Soltys, Almut Fuhr, Markus Major

建築師／事務所：RÜDIGER LAINER + PARTNER
地址：Architekten ZT GmbH, Bellariastraße 12, 1010 Vienna, Austria
網址：www.lainer.at

攝影：Hubert Dimko / Sabine Gangnus

1-12 Bondi Penthouse
竣工：2010 年
基地面積：435 平方公尺
建築面積：215 平方公尺

建築師／事務所：MPR Design Group Pty Ltd
地址：Level 4, 50 Stanley Street, East Sydney NSW 2010
網址：www.mprdg.com
攝影：Brett Boardman

Chapter 2

2-01 Rooftop Remodelling Falkestraße
動工：1983 年（設計），1987 年（施工）
竣工：1988 年
基地面積：400 平方公尺
計畫建築師：Franz Sam
計畫團隊：Mathis Barz, Robert Hahn, Stefan Krüger, Max Pauly, Markus Pillhofer,
　　　　　Karin Sam, Valerie Simpson
結構工程：Oskar Graf, Vienna, Austria

建築師／事務所：Coop Himmelb(l)au
地址：Wolf D. Prix / W. Dreibholz & Partner ZT GmbH, Spengergasse 37, A–1050
　　　Vienna, Austria
網址：www.coop-himmelblau.at
攝影：Gerald Zugmann / www.zugmann.com

2-02 Diane von Furstenberg (DVF) Studio
動工：2004 年 6 月（設計），2006 年 2 月（施工）
竣工：2007 年 6 月
建築面積：2790 平方公尺

計畫建築師：Silvia Fuster, Eckart Graeve, Michael Chirigos

建築師／事務所：Work AC
地址：156 Ludlow Street, 3rd Floor NY NY 10002
網址：www.work.ac
攝影：Elizabeth Felicella

設計團隊：Mirza Mujezinovic, Kirsten Krogh, Rune Elsgart, Christina Kwak,
　　　　　Andrew Sinclair, Brendan Kelly, Marc El Khouri, Judith Tse, Lamare
　　　　　Wimberly, Benjamin Cadena, Dana Strasser, Tina Diep, Jacob Lund, Erin
　　　　　Hunt, Martin Hensen Krogh, Martin Laursen, Dayoung Shin, Sylvanus
　　　　　Shaw, Forrest Jesse, Queenie Tong, Christo Logan, Fred Awty, Elliet
　　　　　Spring, Anna Kenoff.
結構工程：Goldstein and Associates
機械工程：Athwal Associates（主建築）／Syska Hennessy（閣樓）
建造商：Americon
水晶，研究和發展：D. Swarovski & Co.

2-03 Rooftop Office Dudelange
動工：2009年4月（設計）
竣工：2010年10月
基地面積：250平方公尺
建築面積：1000平方公尺
計畫團隊：Türkan Dagli, Mathias Eichhorn

建築師／事務所：Dagli Atelier d'architecture
地址：64, Avenue Guillaume L-1650 Luxembourg
網址：www.dagli.lu
攝影：Jörg Hempel Photodesign

2-04 Skyroom
動工：2010年6月
竣工：2010年9月
建築面積：140平方公尺
設計團隊：David Kohn, Ulla Tervo, Olivia Fauvelle, Jamie Baxter

建築師／事務所：David Kohn Architects Ltd
地址：511 Highgate Studios, 53-79 Highgate Road, London NW5 1TL, UK
網址：www.davidkohn.co.uk
攝影：William Pryce / David Kohn（建設）

結構工程：Form Structural Design
建構商：REM Projects
燈光設計：David Kohn Architects
觀景設計：Jonathan Cook Landscape Architects

Chapter 3

3-01 Rooftop Cinema
計畫團隊：Grant Amon, Delia Teschendorff, Justin Fagnani
建築師／事務所：Grant Amon Architects Pty Ltd
地址：Suite 102 / 125 Fitzroy Street, St Kilda VIC 3182, Australia
網址：www.grantamon.com
攝影：John Gollings (125-127)

六樓施工: Andrew Waters P/L
頂樓施工: Mc Corkell Constructions P/L
結構顧問: Adams Engineering & ARUP（熒幕）
通訊顧問: One Productions
行銷&電影: Hunter, One Productions audio + visual

3-02 TKTS Booth
概念設計：Choi Ropiha
開發與執行建築師：Perkins Eastman
地址：115 Fifth Avenue，New York, NY 10003
網址：www.perkinseastman.com
攝影：Theatre Development Fund
合作夥伴：Theatre Development Fund, Times Square Alliance, Coalition for
　　　　Father Duffy, The City of New York

頂

記

景觀設計：William Fellows Architects
結構工程：Dewhurst Macfarlane and Partners, DMJM Harris, Schaefer Lewis
　　　　　Engineers
施工：Lehrer, D. Haller IPIG Merrifield-Roberts

3-03　Your Rainbow Panorama

建築師／事務所：Olafur Eliasson
地址：Christinenstraße 18/19, Haus 2, 10119 Berlin, Germany
網址：www.olafureliasson.net
攝影：Ole Hein Pedersen (135), Ricardo Gomes (138), Lars Aarø and Studio Olafur
　　　Eliasson

3-04　Nomiya

竣工：2009 年
建築面積：63 平方公尺
結構／立面工程師：ARCORA

建築師／事務所：Laurent Grasso & Pascal Grasso
地址：19, rue Decrès 75014 PARIS
網址：www.laurentgrasso.com
攝影：Kleinefenn

3-05　Studio East Dining

竣工：2010 年
建築面積：800 平方公尺
建築師／事務所：Carmody Groarke
地址：21 Denmark Street, London WC2H 8NA
網址：www.carmodygroarke.com
攝影：Gay May（150左, 151）, Timothy Everest（150右）, Luke Hayes（其他）

3-06　Metropol Parasol

動工：2004 年
竣工：2011 年
計畫建築師：Jürgen Mayer H., Andre Santer, Marta Ramírez Iglesias

建築師／事務所：J. MAYER H. Architects
地址：Bleibtreustrasse 54 10623 Berlin
網址：www.jmayerh.de
攝影：David Franck, Ostfildern Germany (www.davidfranck.de)

計畫團隊：Ana Alonso de la Varga, Jan-Christoph Stockebrand, Marcus Blum, Paul
　　　　　Angelier, Hans Schneider, Thorsten Blatter, Wilko Hoffmann, Claudia
　　　　　Marcinowski, Sebastian Finckh, Alessandra Raponi, Olivier Jacques,
　　　　　Nai Huei Wang, Dirk Blomeyer (Management Consultant 1st Phase)
計畫工程：Arup
木工建構：Finnforest

3-07　Secondary Landscape
動工：2004年1月（設計），2004年3月（施工）
竣工：2004年4月
建築面積：75.72平方公尺
計畫團隊：MOUNT FUJI ARCHITECTS STUDIO / Masahiro Harada + MAO

建築師／事務所：Masahiro Harada + MAO / Mount Fuji Architects Studio
地址：Akasaka heights 501, 9-5-26 Akasaka,Minato-ku,Tokyo 107-0052 Japan
網址：www14.plala.or.jp/mfas/fuji.htm
電話：+81(0)3-3475-1800
攝影：Mount Fuji Architects Studio

3-08　Maritime Youth House
基地面積：2000平方公尺
竣工：2004年6月
計畫團隊：Julien de Smedt, Bjarke Ingels, Annette Jensen, Finn Noerkaer,
　　　　　Henning Stuben, Joern Jensen, Mads H Lund, Marc Jay, NinaTer-Borch
顧問：Birch & Krogboe A/S: Jesper Gudman, Struktur

建築師／事務所：JDS ARCHITECTS
地址：Rue des Fabriques 1B, 1000 Brussels BELGIUM
網址：www.jdsa.eu

建築師╱事務所：BIG（Bjarke Ingels Group）
地址：Nørrebrogade 66D, 2nd floor, 2200 Copenhagen N, Denmark
網址：www.big.dk
攝影：Julien De Smedt（169, 170中, 170下, 173）/ Paolo Rosselli（其他）/
　　　Mads Hilmer

3-09 Fuji Kindergarten
竣工：2007 年
基地面積：1304.01 平方公尺
施工：株式會社竹中工務店
創意總監：佐藤可士和
燈光設計：Masahide Kakudate/Lighting Architect&Associates

建築師╱事務所：TEZUKA ARCHITECTS
地址：1-19-9-3F, Todoroki, Setagayaku, Tokyo,158-0082 JAPAN
網址：www.tezuka-arch.com
攝影：Katsuhisa Kida / FOTOTECA

3-10 Kinderstad
動工：2003 年 11 月（設計），2006 年 5 月（施工）
竣工：2008 年 2 月
建築面積：1000 平方公尺

建築師╱事務所：SPONGE ARCHITECTS
地址：TT. Neveritaweg 15N, NL-1033 WB Amsterdam, The Netherlands
網址：www.sponge.nl
攝影：Kees Hummel

建築承包：BAM Utiliteitsbouw, Amsterdam
結構工程：DHV, Rotterdam
裝置：Kropman, Utrecht

Chapter 4

4-01 Brooklyn Grange

組織：Brooklyn Grange
地址：37-18 Northern Blvd, Long Island City, NY 11101
網址：www.brooklyngrangefarm.com
攝影：Anastasia Cole

4-02 SYNTHe: SYNTHETIC ECOLOGIES

計畫領導：Alexis Rochas
計畫團隊：Jeremy Backlar, Leigh Bell, Reymundo Castillo, Deborah Fuentes, John
　　　　　Klein, John Ford, Santino Medina, Leandro Rolon, Wataru Sakaki.
團隊協調：Patrick Shields
建築工程：Bruce Danziger. Arup, Los Angeles
景觀設計：Terence Toy, Los Angeles Community Garden Council

建築師／事務所：I/O, SCI-Arc Design & Technology Faculty
地址：560 S. Main Street suite 7S Los Angeles, CA 90013
網址：io-platform.com
攝影：Alexis Rochas（203）/ Michael Shields（202）/ Tom Bonner（其他）

4-03 High Line

計畫團隊：James Corner Field Operations，Diller Scofidio + Renfro，Piet Oudolf.

組織：Friends of the High Line
地址：529 West 20th Street, Suite 8W New York, NY 10011
網址：www.thehighline.org
攝影：Friends of the High Line（Anthony Stewart [207] / 9029 Gryffindor [209] /
　　　Pamela Skillings [208, 210, 211] / Ken@Denverinfill [213] / Elena Isella [210]
　　　/ Maureen Hodgan [212]）

結構／MEP工程：Buro Happold: Structural
結構工程／歷史保護: Robert Silman Associates
種植設計：Piet Oudolf
照明設計：L'Observatoire International

標誌設計：Pentagram Design, Inc.
灌溉工程：Northern Designs
環境設計：GRB Services, Inc.
土木及交通：Philip Habib & Associates
土壤科學：Pine & Swallow Associates, Inc.
公共空間管理：ETM Associates
水景工程：CMS Collaborative
成本估算：VJ Associates
守則顧問：Code Consultants Professional Engineers
基地測量：Control Point Associates, Inc.
加快：Municipal Expediting Inc.
駐地工程師：LiRo/Daniel Frankfurt
施工：SiteWorks Landscape
承包：Management KiSKA Construction
建設管理：Bovis Lend Lease
社區聯絡：Helen Neuhaus & Associates

4-04 Casa V

動工：2006 年（設計），2008 年（施工）
竣工：2009 年
基地面積：250 平方公尺
建築設計：Felipe Mesa (Plan: B), Giancarlo Mazzanti
計畫團隊：Viviana Peña，Jose Orozco，Jaime Borbón，Andrés Sarmiento，
　　　　　Juan Pablo Buitrago

建築師／事務所：Plan: B Arquitectos
地址：Crr 33 # 5G 13 Apto 301 Medellín, Colombia
網址：www.planbarquitectura.com
攝影：Rodrigo Davila
構造者：Jaime Pizarro
微積分工程師：Nicolas Parra

4-05 Birkegade Rooftop Penthouses

竣工：2011 年
基地面積：900 平方公尺

建築師／事務所：JDS ARCHITECTS

地址：Rue des Fabriques 1B 1000 Brussels Belgium

網址：jdsa.eu

攝影：Nikolaj Moeller / JDS HEECHAN PARK

計畫團隊：Julien De Smedt, Jeppe Ecklon, Sandra Fleischmann, Kristoffer
Harling, Francisco Villeda, Janine Tüchsen, Claudius Lange, Benny
Jepsen, Andrew Griffin, Aleksandra Kiszkielis, Nikolai Sandvad, Emil
Kazinski, Bjarke Ingels, Mia Frederiksen, Nanako Ishizuka, Thomas
Christoffersen, Eva Hviid, Morten Lamholdt

做自己的建築師 05

屋頂記 重拾綠建築遺忘的立面

作　　　者／甄健恆（Yen Kien Hang）
企劃選書／
責任編輯／徐藍萍

版　　　權／翁靜如、葉立芳
行銷業務／何學文、葉彥希
副總編輯／徐藍萍
總 經 理／彭之琬
發 行 人／何飛鵬
法律顧問／台英國際商務法律事務所羅明通律師
出　　　版／商周出版
　　　　　　台北市104民生東路二段141號9樓
　　　　　　電話：(02)25007008　傳真：(02)25007759
　　　　　　E-mail：bwp.service@cite.com.tw
　　　　　　Blog：http://bwp25007008.pixnet.net/blog
發　　　行／英屬蓋曼群島商家庭傳媒股份有限公司城邦分公司
　　　　　　台北市中山區民生東路二段141號2樓
　　　　　　書虫客服服務專線：02-25007718、02-25007719
　　　　　　24小時傳真服務：02-25001990、02-25001991
　　　　　　服務時間：週一至週五9：30-12：00；13：30-17：00
　　　　　　劃撥帳號：19863813；戶名：書虫股份有限公司
　　　　　　讀者服務信箱E-mail：service@readingclub.com.tw
香港發行所／城邦（香港）出版集團有限公司
　　　　　　香港灣仔軒尼詩道235號3樓；E-mail：hkcite@biznetvigator.com
　　　　　　電話：(852)25086231　傳真：(852)25789337
馬新發行所／城邦（馬新）出版集團【Cite (M) Sdn. Bhd. (458372U)】
　　　　　　11, Jalan 30D/146, Desa Tasik, Sungai Besi, 57000 Kuala Lumpur, Malaysia
　　　　　　電話：(603)90563833　傳真：(603)90562833

封面設計／林翠之
內頁構成／林翠之、謝宜欣
印　　　刷／卡樂製版印刷事業有限公司
總 經 銷／聯合發行股份有限公司　電話：(02)29178022　傳真：(02)29156275

■2012年1月5日初版　　　　　　　　　　　　　　　　　　Printed in Taiwan
定價380元

城邦讀書花園
www.cite.com.tw

國家圖書館出版品預行編目(CIP)資料

屋頂記：重拾綠建築遺忘的立面／甄健恆著.
-- 初版.-- 臺北市：商周出版：家庭傳媒城邦分公司發行, 2012.01
　面；　公分.--（做自己的建築師；5）
ISBN 978-986-272-093-6（平裝）

1.建築物細部工程　2.屋頂　3.綠建築

441.569　　　　　　　　　　　　　　　　　100025875

商周出版

廣　告　回　函
北區郵政管理登記證
北臺字第000791號
郵資已付，免貼郵票

104　台北市民生東路二段141號2樓

英屬蓋曼群島商家庭傳媒股份有限公司城邦分公司　收

- -

請沿虛線對摺，謝謝！

商周出版

書號：BUB705　　書名：屋頂記　　　　編碼：

商周出版　　　　讀者回函卡

謝謝您購買我們出版的書籍！請費心填寫此回函卡，我們將不定期寄上城邦集團最新的出版訊息。

姓名：_____

性別：□男　　□女

生日：西元 _____ 年 _____ 月 _____ 日

地址：_____

聯絡電話：_____ 傳真：_____

E-mail：_____

職業：□1.學生 □2.軍公教 □3.服務 □4.金融 □5.製造 □6.資訊

　　　□7.傳播 □8.自由業 □9.農漁牧 □10.家管 □11.退休

　　　□12.其他 _____

您從何種方式得知本書消息？

　　　□1.書店□2.網路□3.報紙□4.雜誌□5.廣播 □6.電視 □7.親友推薦

　　　□8.其他 _____

您通常以何種方式購書？

　　　□1.書店□2.網路□3.傳真訂購□4.郵局劃撥 □5.其他 _____

您喜歡閱讀哪些類別的書籍？

　　　□1.財經商業□2.自然科學 □3.歷史□4.法律□5.文學□6.休閒旅遊

　　□7.小說□8.人物傳記□9.生活、勵志□10.其他 _____

對我們的建議：

_____

_____

_____

_____

做自己的
建築師